打造
頂尖團隊
的六項修煉

增員成功六部曲

陳亦純 著

陳亦純

你必須要堅持你人生的理念，

你才能擁有豐富的人生！

甚麼是理念？

清楚的人生目標！

有意義、有價值的生命願景！

願意為世人做貢獻的胸懷！

有心在這一生中，

留下痕跡、影響力！

作者簡介

1975 年 4 月進入保險業，從業務員、處經理、業務總經理到保經公司董事長。
曾連續蟬聯 11 年度公司全台灣省團隊總冠軍。
著作有「我有理由不買保險」、「秘密 21—了凡四訓，心想事成」、「 生命的醒悟—心轉命轉」等三十多本著作。

「我有理由不買保險」於被台灣、大陸、東南亞多國保險界被稱為是「保險啟蒙書」，在全球華人保險界有重要影響力！
「秘密 21—了凡四訓，心想事成」由佛陀教育基金會印行，是結緣品的善書。

也出版甚多的音頻、視頻。
是國際級保險大會的講師，如龍獎、MDRT、CMF、亞太壽險大會、各保險公司年度大會等。

●●●●●●●●●●●●●●●●●●●●●●●●●●●●●●●●●●●

2008 年
· 中華華人講師聯盟會長
2016 年
· 台灣保險信望愛最佳保險終身成就獎
2017 年
· 亞洲華人保險與理財大會主席
2017 年
· 台灣「玉山獎」「傑出企業領導人獎」
也是台北市生命傳愛協會創會長。
以推倡「保險捐贈」為志業，被稱為「保險佈道家」。

第一章　成為頂尖領導者的必修課　／　21

第四章 拓展團隊成員的方法　　/　　**129**

在危難中更見真情

全國商業總會理事長　許舒博

　　在「打造頂尖團隊的六大修煉 -- 增員成功六部曲」裡面，我看到一個趨勢且他的速度正在加快當中，2020 年日本，65 歲以上的高齡族佔了總人口的百分之 28.7。

　　台灣 65 歲以上人口佔了總人口的 15.5%。

　　2021 年中國大陸第七次全國人口普查報告，65 歲以上人口達到一億 9.064 萬人，佔總人口的 13.5%。

　　高齡化人口比例提高帶來甚多問題。高照護費用、高醫療費用、高貧富差距、財富傳承、企業管理，還有社會經濟動能及生產力下降，生命餘命延長更造成退休金不足以安養的重大議題。最好的解決方法之一，用保險作理財、保值、節稅、保親情的有效措施。

　　惟有「長期充足經濟支持，才能保留老年尊嚴的生活目標。」

　　「長期充足經濟支持，才能保留老年尊嚴的生活目標。」

　　「長期充足經濟支持，才能保留老年尊嚴的生活目標。」

　　很重要，所以提三次！

在 E 化高度發展下，保險從業人員必需要有一身好本領，財務、法務、稅務、會計學、信託、繼承，這不是以往拼命衝刺、大力宣揚利率、現價、保額等觀念就可勝任的。

疫情使大家必須走向多元化行銷，吸收更多資訊，包含保險相關法令的調整、視訊投保的推進，保險從業人員要在重重挑戰裡找出出路，而最大最艱鉅的挑戰，我認為是優秀人才的引進、輔導和委以重任。

很多保險的書籍談的是行銷、技巧、稅賦、奮鬥的過程、管理的心得。但少看到像此書一樣，從觀念、策略、步驟到被徵募者的疑難處理，逐一化解和引導，大部分是實務，是可以用的步驟，相當接地氣。

作者陳亦純從事保險工作四十多年，樂在工作，逐年都有心得分享，此書是一個新的里程碑，很高興可以鄭重推薦。

打造頂尖團隊六大修練

點亮一盞明燈

台灣人壽　總經理　莊中慶

　　1975 年 4 月，隔著太平洋的彼岸，微軟在美國成立；而在台灣，我的保險啟蒙老師陳亦純先生開始了保險業的生涯。40 幾年後，微軟成就了世界上首屈一指的軟體科技龍頭；而亦純師父用對於保險的熱愛，自身的信念及修煉成為了以保險為生命志業的佈道大師。

　　師父帶進門，讓我感受最深的，是在他字典中，「保險」二字像極了鏗鏘有力的愛情詩篇！

　　高格局，軟身段；
　　結善緣，不畏「拒」；
　　助眾生，搏信任；
　　建團隊，重傳承；
　　我行銷，我驕傲！

　　這本書給躊躇滿志的人點亮了一盞明燈；

這本書對初入職場的保險工作者有著滿滿的期許；

這本書更讓不知如何與新科技共處的保險老將服下一顆定心丸！

書中謂「頭若能想，方法千百樣。嘴若肯開，客戶到處來。」，容我加一句，細究本書，人生沒白走。

人生需要結交兩種人，一良師，二益友，此生幸得亦純師父，足矣！

打造頂尖團隊六大修練

有情有義有愛，唯我保險工作者

真善美社會福利基金會　董事長　謝秀琴

保險工作者其實是你、我生活當中不可缺或的好朋友，不僅能幫忙量身打造合宜自己保單，同時也扮演著理財規劃的好幫手。為什麼這樣說？從事社會福利事業超過 20 年的時間，基金會的憨兒們時常獲得保險從業人員實質的捐助幫忙，在這段時間裡更見證了他們因為支持社會公益事業，同時也獲得事業上的成就。

真善美社會福利基金會成立於 1998 年，是台灣第一家專責照顧「老憨兒」單位，事實上全台超過九萬名憨兒、老憨兒，僅一成居住於收容機構內，隨著憨兒逐漸老去，父母相繼辭世後，真善美成了他們唯一的「家」。落實「憨有所養、老有所終」，二年前全新規劃打造「憨樂生活村」一個陪憨兒到終老的新家園，但受疫情衝擊，籌募進度緩慢，榮幸獲得作者的支持，不吝用新書分享專業並支持弱勢。

我看到這本「打造頂尖團隊的六大修煉 -- 增員成功六部曲」，眼睛為之一亮。

書中將發展團隊的理念、方法、執行步驟，清楚分析和說明，並將執行者的困擾及被增員者的問題加以解決，同樣受疫情衝擊，卻能不畏疫情，跟進時代的轉變，依然引進優質的夥伴，可以說本書是發展團隊的百科書、擴大增員的指南，所以我很樂意的推薦和分享！

發展團隊、培育優秀人才的寶典

從事業務工作的夥伴應該都知道，要把事業經營的壯大，走得遠、走得穩，並且收入豐碩和持續，必須具備一個有共識的團隊。

「增員成功六部曲」，我給「成功」定下新解釋，「成」是「成人之美」，「功」是「功德圓滿」，顧名思義，幫助夥伴成長，你才算是一個夠格的團隊領導人。本書雖然大部分著眼於保險業的團隊擴充。但其實各行各業的行銷人員都可以從本書中得到啟發和收穫。新冠疫情改變了生態，線上取代很多線下活動，但發展團隊、培養優秀的人才，仍然是不能減少的事業要素，本書是你創業的指南，和夥伴一起共修的寶典。

三個狀況讓團隊發展不出來

從事行銷工作，大部分的公司都要夥伴發展團隊。但可惜多數朋友都沒有將團隊經營得很好，原因不外乎是以下三大狀況：

1、認為自己銷售比較容易，帶新人難，花時間花成本，短期看不到好成果。
2、好不容易培養出高材生，但脾氣比你大，一個不小心，被別人挖角去。
3、不知道可以做多久，何必花時間、花精神，做沒有立竿見影的事情。

發展團隊讓一生志業安全無虞

你要是不下決心發展團隊，你就註定要獨善其身，飽受壓力，你要日復一日的扛起業績，你的收入會被限制在一定的水準之下，你無法複製你的技術與知識，無法用眾多分身幫助社會、造福人群，你在業界的貢獻僅限於你的勞力努力。你能甘心嗎？

經營團隊並不難，你的經營理念正確，受肯定和跟隨。要有一套發展的步驟（SOP），固定運作的模式，加上細膩的輔導工具，咬緊牙，沉住氣，不怕磨難，努力先建立一個灘頭堡、你的事業創始店，再將之複製成功的系統與模式，按表操課，堅持前行，執行、檢討、修正、再行動，天下事沒有困難或行不通的道理，有心一定會有成效。

建立系統化的團隊發展概念

「打造頂尖團隊的六大修煉」，系統化的從如何打造頂尖領導人、團隊發展的概念、方法、執行步驟，詳細分析和說明，並將執行者的困擾及被增員者的問題詳加解決。

「工欲善其事，必先利其器」凡有前瞻眼光的領導人，你若發願要在行銷界深根發展，你參照本書，加之有恆的執行和檢討，必定在最短期間內奠定屹立不搖的基業，創造民眾德澤。創造大團隊，提供正確行銷觀念是身為行銷人不能須臾忘懷的使命！

本書寫於 2021 年台灣疫情慌恐時，因為不能聚會和四處出差，我

趕緊將平時的紀錄、心得、發表過的專欄整理出來，等待和擔心沒有用，有效的行動才能建立自己的生命里程碑

祈願疫情遠去，全球民眾不恐慌！

祈願各種災難不要頻繁來到，讓蒼生可以安和樂利！

祈願民眾醒悟，天災地變、災害不斷，是因為我們大肆破壞生態，不顧有效資源的逐漸流失！

祈願行銷界的朋友，從自身做起，保護環境、保護生物、重環保、常存善念、多說好話、多做好事！

祈願我們的正向力提升，地球的生存空間保存。

像南美洲印第安人講的：「地球不是我們向祖先繼承來的，是向子孫借來用的！」

因為努力，我們的頂尖團隊可以建構成立，是大眾幸福的捍衛者！

第一章

成為頂尖領導者的必修課

只要是人，就和行銷脫離不了關係

當你翻開此書，我相信，你是一位行銷人員。

什麼是行銷人員？

行銷你的理念、你的想法、你要賣出去的商品，你就是行銷人員。

一個人從呱呱落地到轉世另外一個世界，完全沒有辦法和行銷脫離關係。

沒有什麼行業像行銷一樣，無限的自由、無限的空間、無限的發揮。

一個人在娘胎時，他的母親要接受行銷人員給他的很多建議，胎教、食品、醫護、照顧。

落地之後，立刻面臨了很多的問題，教養、就學、就業，這是幼年期，他無法不接受行銷的影響。

再來創業、結婚生子，這是青壯年期。然後到他獨立了，開始有責任感了，要思考理財了，也要開始思考如何照顧下一代、如何孝養父母，和如何規劃自己的老齡問題。

除了專家外，最能夠給建議、連結和協助的，莫過以行銷人員。

食衣住行育樂的提供，完全要由行銷人員來連結和促成。

產品再好，沒有行銷人員去推廣，沒有促成即沒有市場。

大企業要行銷，小店家也要行銷，老闆時時刻刻思考如何擴大市場佔有率，老闆要營銷部門找出最強的行銷人員打開通路，營銷部門也不停地尋找最好的人員去創造績效。

政治人物也是不停的行銷自己，推銷理念、推銷形象。

根據統計，每一百家企業的 CEO，有 60 家都是由行銷人員出身的。

因為行銷要接地氣，接地氣的 CEO 知道客戶的胃口，會去督促製造單位生產出客戶需要的產品。

東西好，客戶可以自動上門，但那是偶一為之，沒有常常如此的道理。

做行政工作，那是等拿薪水、等晉升、等退休，要被考核和評等。高薪和高職位，不是人人可得的。

頂尖的行銷人員，有各方面的成就。

頂尖行銷人員他有傑出的團隊，有受尊重的戰績，有社會地位，有充足的人脈，有良好的收入，甚至具有終身被動式收入。

還可以將自己的傑出經驗分享，可以讓其他行銷人員效法和學習，增加其他行銷人員的能力。

充裕的收入，還可回饋社會弱勢群組。

他的成就，具備影響力，讓社會擁有豐富的生命力。

頂尖的行銷人員，充分自我發揮。

不受約束管理，不必公文等因奉此，要高收入、要高社會地位、要高成就，完全在自我的創造中。

銷售成功與否，取決於行銷人員的態度

富貴和地位，要有兩個「投」字，投對胎和投資對。

投錯胎，投資失利，進退失據，懊惱不已。

投胎不是你可以決定的，但投資是你可以選擇。

從事行銷工作，就是投資，時間、體力、智慧的投入，都是投資。

選對行，態度正確，行動果決，這便是投資正確，時間和精力的累積，財富不是問題。

所謂「**頭若能想，方法百千樣。嘴若肯開，客戶到處來。腳若願走，市場到處有。**」

「**銷售成功與否，取決於行銷人員的態度，而不是準客戶的態度。**」這是擔任過保險公司總裁克萊門特．史東的一句話。

賈伯斯的名言：「**我的想法是，如果我們持續推出很棒的產品在顧客面前，他們就會繼續打開錢包。**」這是告訴我們，行銷是不斷的，沒有止盡的生意。「**我的人生從來沒有一天工作沒有行銷，只要我相信一件事是對的，我會推銷它，而且我會努力推銷。**」這是企業家雅詩‧蘭黛對行銷和人生的註解。她的講法是，行銷工作是以天為界，只要有能力、有堅定的意志，到處都是天下、財富。恭喜此刻的你，你已經選對了人生的路，只要你堅持前往，不悔一生的志向，你會擁有你要的一切。我進入行銷界時，那是一家剛進入台灣的外商保險公司。規模非常的小，和當時的幾家保險公司規模不能比，尤其和前兩家一比較，他們已經是

規模甚大、幅員遍佈全省各地，而且廣告多、聲勢大，我這家公司只有幾百人，全省兩三個據點，默默無聞，簡直就是大象對螞蟻。但我就發現一些奇特的對象。

公司要每天早會，台上的主管和洋人一直在宣導公司理念和保險價值觀。可是大部分的同事卻是嗤之以鼻，幾個人聚在一起，說的都是沒有營養的話。

甚麼公司不自量力，商品不好、保費貴、不作廣告，甚至連代理費高低都拿出來嘻笑一番，早會結束一段時間才姍姍出門，下午五點多就回來，寫了報表後一群人躲到地下室抽菸、打撲克牌、下棋，然後再一起吃飯喝啤酒去。

我覺得他們很奇怪，保險工作不是很有意義和價值的神聖志業嗎？最起碼面談時和新人訓時不是都如此諄諄教誨的嗎？

可是他們卻是如此的對這工作不敬業。他們是被消極態度支配自己的人，心態悲觀、消極、頹廢，不敢也不去積極解決他所面對的各種問題、矛盾和困難。

如果這麼不看好和不喜歡，應該趕緊離開，不要浪費生命才是。

果然後果發生了，沒有多久，這不過五六十人的初創團隊被挖角走了不只一半，另外一些人也撐不下去，陸陸續續離職。

如果態度不改，到哪裡都一樣。後來這些被挖角，或沒被挖，可是態度不佳的人，大部分一段時間就消失在人海了。

具備正面態度，一生樂觀熱情

人有兩種，一種人隨時帶著積極的態度（PMA）Positive Mental Attitude，另一種人是隨身帶著消極的態度（NMA）Negative Mental Attitude。這兩個名詞是西方成功學領域專用名詞。

運用 PMA 支配人生的人，擁有積極、奮發、進取、樂觀的心態，他們樂觀向上，正確面對人生遇到的各種困難、矛盾和問題。

被 NMA 支配自己人生的人，心態悲觀、消極、頹廢，不敢也不去積極解決他所面對的各種問題、矛盾和困難。

我在行銷界快半個世紀，同事、朋友、同業、各行各業的行銷人員，來來往往所見或相識數萬人，有些人連彗星都談不上，有些人一閃而過。有些則是掙扎一段時間夭折，也有的是開始時轟轟烈烈不可一世，但突然不知所終。

也有長時期在行銷界裡屹立不搖，博得好名聲和令人稱道的資產。

進入行銷界不管原因何在，想要成功一定是目的，但為何差別甚大？

我覺得是**人性和態度決定成敗！**

少數留在這行業，並堅持而且發揮甚好的人，一定有他的原因。

相信事業的價值，他們有 PMA，擁有積極、奮發、進取、樂觀的心態，他們樂觀向上，正確面對遇到的各種困難、矛盾和問題。

他們信任公司，相信公司會給大家最好的未來。

他們信任行業的未來，相信這行業一定是大家的需要。

打造頂尖團隊六大修練

他們喜歡接觸準客戶，相信客戶也會喜歡他。

他們更相信自己，相信透過學習和專業，一定會有好發展。

於是人生的路就如此的分開了。

正如美國詩人 Robert Frost 所作「The Road Not Taken」中的最後一段：**樹林裡有兩條分歧的路，我選擇了那人煙稀少的一條，而這也改變了一切！**

曾經有一個統計。

客戶百分之 80% 的購買因素，決定在行銷人員的三個信念。

我喜歡人們！I like the people！

他們知道我的工作項目！They know my business！

他們相信我！They respond to me！

你必需要堅持你人生的理念，你才能夠擁有豐富的一生！

什麼是理念？

清楚的人生目標！有意義有價值的生命願景！願意為世人做出貢獻的胸懷！

有心在這一生中，留下痕跡、影響力！

具備行銷本事，一輩子不用退休

　　一個公司的總經理和董事長，還有被迫退休的時間，唯有行銷工作沒有年齡的限制。只要你身心靈、觀念和時代能接軌，有本領使人掏腰包買你的東西，到一百歲照樣有事做。

　　曾經有一位傳奇的汽車行銷員，他名叫維克多 Victor Christen，他總計在加州的雪弗蘭汽車公司賣了 78 年的車子，而且成績都在前幾名，他身體很好、幹勁十足，90 歲時老婆過世，他再娶 72 歲的新老婆，並且還出了一本推銷經驗談。

　　美國保險偉人梅弟爺爺一直工作到 96 歲過世為止，到台灣作分享時，有人問他，要作到幾歲才要退休，他回答說，要做到和上帝約會為止，果然真的如此。

　　他們都給我們啟示？

　　行銷工作究竟有什麼好處？

　　行銷工作讓生命充實，人到花甲之年，金錢的重要性可能已經降低，但想到自己做的，是一份必須做的事，生命的意義就顯得充實。

　　行銷讓自己不老化，據統計，人一退休，無所事事，腦筋退化，行動開始不靈活，百病會叢生，平均餘命會降到不足十年。

　　行銷工作是天天接受挑戰，要很高興自己是一名行銷員，因為每天都有機會和別人溝通，眾多的潛在顧客或老顧客一接觸，有不同的情況需要我想辦法去應付，這是一種挑戰。

目前華人退休年齡在 60 歲或 65 歲，以平均年齡已經八十多，百歲老者比比皆是，退休時正是體能不算差，智慧最純熟、經驗最豐富、人脈最廣博之時，卻是要硬生生從職場退下，不但對該人情何以堪，對原來服務公司、社會、國家，都是損失。但如果是行銷工作，除非公司的規定，否則可以一直從事下去。

行銷工作是十足的樂事。有事情可挑戰，有朋友可談話，有好事可推廣，更還有持續的收入可得到。

不用和社會脫鉤，不用在家裡兩老乾瞪眼，不是小孩們的負擔，可以穿著得體，氣色生輝，迎接時代的轉型，努力學習新知識，以快樂的心情用社會志工的身分去做行銷工作。

行銷人員在幫助別人作出聰明的決定，以合理的代價得到他或她需要的東西。

行銷工作可以得到高收入、高的社會地位。活得越老，領得越多，因為受到肯定，續購率高，成交時間短，而且成本降低，加上客戶的介紹產生的連鎖效應，他不但是客戶的信任所在，並且在和客戶或社會公益機構的合作之下，他的社會地位逐漸提高。

你若相信行銷具備的價值、尊嚴和無限的前途，成交已在向你招手。不怕年紀大，就怕志氣小。

我是一名驕傲的行銷員

有一篇可以讓行銷人員振奮的文章 ----

「我是一名驕傲的行銷員。因為有我和數以百萬計從事相同工作的人共同創造了這個國家。

因為即使廠商的產品再好，如果沒有我們行銷人員辛勤地到處推銷，產品只能坐以待斃。

愛迪生發明瞭電燈，不過卻說服不了固執的人們正眼一瞧。

當第一部縫級機問世時，波士頓的民眾不但不領情，還將它砸個粉碎。

火車也被當成怪獸咀咒，因為人民相信只要搭上半個小時，人們的血液就會停止。發明電報的摩斯也無法說服議會相信電波的存在。

這些一切一切都是靠辛勤的推銷人員憑其三寸不爛之舌到處推廣，否則我們便不可能享受到駕駛汽車、使用電話、觀看電視等現代文明的便利。

總之，推銷事業是國家經濟發展的原動力，國家之所以能成為世界超級大國，就是有著無數默默努力的推銷員。」

不知道你看了這文章有沒有受激勵，精神振奮起來。

一位頂尖的行銷必須具備若干條件和本事？

先要經營自己：

正確的態度（Attitude）

打造頂尖團隊六大修練

彭湃的熱力（Enthuasiam）

良好的形象（Image）

豐富的知識（Knowledge）

敏感度要夠（Sensitivity）

成熟度要足（Maturity）

民國初年學者魯迅曾說過：我每次在看運動比賽時，常常這麼想，優勝者固然可佩，但那些落後而仍然非跑到終點不止的競技者，和見了這樣的競技者而蕭然不笑的觀眾，乃正是未來國家的棟樑。

一個偉大的行銷人員，正是要具備如此的心像，態度正確，被拒絕、落後仍雄心勃勃，運動員的形象不鬆懈，不受旁觀者和對手的影響，依然堅持前往。

行銷人員不也是應該如此。

客戶不是因為產品需求而找行銷人員，客戶是需要一位熱力奔放、形象良好、專業能力夠，可以感動你和與時代同步成長的專家。

依照我長期的觀察，在行銷界裡受尊重，穩健發展者，通常不是聰敏如炬，能說善道之人。往往態度誠懇，言談謙遜，生活正常者，是受到民眾長期的信任和依賴者。

熱愛你所行銷的行業

你若從事行銷工作，你不要這山看另一座山高，你要堅定地對你的工作有信心、有信仰、有信用（客戶不喜歡一個老是換行業的營銷員）的執行。

我個人從事保險工作已經四十多年了，相同時期的夥伴大都離開這行業，很多退休了、也有好幾位離開人生舞台。

我倒是樂在其中，幾乎天天都談保險的精神和經營之道。

因為我事對保險充滿信仰的。

隨手拈來，保險事業有非常多可以闡述的。

如一個人和保險的關係有三。

一是自己投保、另一是別人為你投保，第三則是你為別人而買。

自己購買是為了健康、為了風險、為了責任、為了財富、為了老年、為了孝道，甚至為了萬一離婚，不但要面子也要有裡子。

有了保險，就是有了絕對安全可靠的錢，具備了安全、有了信心、更有尊嚴和生活下去的靠山。

別人為你而買，通常是父母親規劃子女種種人生的問題。為健康、為就學、為他創業，也要為財產傳承做準備，甚至百分之一的瑕疵品出現時，不得不為他的一生做預防和規劃與信託。規劃當然不可以短期，要長期，要安全，也要有利率和風險的考量，這無非和保險緊緊地結合。

至於第三種是你為別人而買保險。

企業為員工，餐廳為顧客，政府為民眾要提供各式各樣的保險。汽車有強制險，有碰撞險，竊盜險等。廠房和貨物也要有各式各樣的保險。各種天災地變，你不準備萬一，就怕有一萬的損失。

有些地區，貓狗的擁有率已經比 14 歲以下的小孩還多，所以寵物險受歡迎。骨董字畫，除了賞心悅目，還可保值增值和傳承，一樣要保險。

保險工作者有福了，壯闊無邊的商機就呈現在眼前，沒有什麼行業像保險一樣，大家需要、大家都在談，大家都在買，你有眼光進入這行業，你擁有實力，你肯投入心思和努力，你就會擁有你要的社會地位、人脈和財富，這行業多美好，這天下何其大！而且可以實際助人，地球因為人為破壞，災害不斷。

從 2020 年起至 2021 年 8 月，疫情已經超過兩億人感染，死亡四百多萬人。

美國、澳洲旱災，森林大火。日本土石流、歐州水患、鄭州水災、義大利高溫，造成生命和財產的損失難以估算，而這些都要靠保險彌補和維護，這也是保險工作者敬天愛人，利人又利己的大善業，趕快掌握和擁有吧！

或許你不是從事保險業務，但你在你的行業裏面，你有沒有兢兢業業，找出你所從事的行業裡的特質、重要性，你有沒有發揮你這行業在社會的獨特性，你的經營理念，你對你所銷售物品的熱愛和信任。

因為有愛，所以你會全力發揮，你不是過客，你是受尊敬的耕耘者。

沒有賣不出去的物品，只有賣不出去物品的行銷人員。

只要有心，遍地皆黃金

　　保險既然是大家都需要的物品，每個人都不能缺乏的必須品，是不是很容易銷售呢？

　　這不盡然如此，不是每個人都會做的很好，因為要把保險經營得好，必須有很多因素。

　　最重要的是要對保險有信仰，知道保險事業的核心價值是大愛，沒有愛心，保險怎能作得好。

　　愛是什麼？德蕾莎修女說：**愛就是在別人的需要上，看到自己的責任。**

　　從事保險工作，一定要心存善念，要有善循環的概念。存心為善，為對方的需要打算，抱著做善事的態度，日行多善，眾善因，善行必定得善報。

　　從事保險可以得到高收入，但絕對不是巧取豪奪，是慷慨給予。你樂於分享，客戶和夥伴支持你，你會得更多。

　　像一位企業家，沒有地點的限制，各地為家，只要有需要，到處都可以去！

　　也像是一位教師，有教無類，盡可能的開導、教誨和引導！

　　要像慈善家一樣，不管是金額的大小，通通感激、感恩，繳保險費像捐助善款，只要真心，一分錢就如同須彌山一樣的廣大，因為保險費積多成塔，可幫助無數的民眾度過難關！

更要像一個軍事家一樣，要有戰略，有目標，有必勝和必成的決心！

也必須像一位工廠作業員，循序漸進，遵守時間的規定，做好個人該作的事。

還要像天使眾籌家一般，招募夥伴，創造團隊的共榮利益，眾志成城，成就不可能的偉業。

也像電商一樣，用網路來經營，5G 時代，天空無疆界，你可以在雲端世界裡馳騁，讓年青群組、網路群組，共用保險的大愛。

你可以是一位新創家，找出他人沒想到的點子、通路與平台，創新的創意，讓人驚艷、讓人喜歡，只要你有心，你可以扮演各式各樣的專業人士和英雄，在人生的大舞台裡盡情發揮！

世界在改變。

智慧型手機讓世界改變了！

5G 讓世界改變了！

疫情更讓世界翻騰改變！

變化只是愈來愈迅速、愈讓人驚訝！但變化你無法害怕，你只能接受，最好能藉變化改變自己的思維、能力、格局和成就。

行銷和保險永恆存在，妥善把握，你的生命在這場賽局裡，創造你要的，把以前你不敢去想的，你可以去掌握和擁有。

你賣的是最容易銷售的商品

你要相信你所銷售的物品是最容易的物品，你對你銷售的物品有信仰、有信心，如果你不具備你對你的行業的信心，那你不可能會做好。

保險業的朋友要相信保險是最容易銷售的商品。

你如何舉證；

我們來想一想，一個人從出生後，面臨的是老、病、死，還會遇到大病和殘疾、意外的困擾，**如今的年代，又多了風災、火災、水災、難以想像的意外和橫空出現的疫情。**

這些問題如果你的財富沒問題，有足夠的準備金，你的困擾就少了些，美國的巨富、印度的有錢人，罹患疫情，專機出逃、帝王般的照顧，花費的錢何止千萬。

如果沒有足夠的準備金，那面臨的痛苦難堪，不是肉體的苦痛而已，心裡的苦痛是有口難言的，但如果有保險，一大部份就可以解決困擾，解決金錢、親情、人情、疫情、悲情的壓力。

我們再來想一想**是不是有錢的人就沒有困擾，不見得，他擁有了龐大的財富，他面臨的是保富、傳富、留財、留才的困擾。**

地位高的人也有困擾，如何讓他賴以維繫體面、交遊應酬的資金不可損傷，這是地位高的人念茲在茲的話題。

社會中間層，沒有事情可作的退休族，也不可以離開保險，保險是保障資產或者生活，或者讓他安全的一個保護品。

另外你也會考慮到，你的財富是不是能夠保值，可不可以產生不中斷的利益，是不是有槓桿維繫風險，這些也必需要靠保險來維持。

　　還有一家之主的責任，加上對家族、公司、企業、員工都必需要用保險來保護安全，所以應該說，不管是大愛和小愛，全部都要保險來依靠。

　　既然都可以靠保險的依靠，那麼保險就是最容易銷售的商品，只要你能夠動之以情，說之以理，投之以災，訴之以愛，保險的銷售就容易了。

　　要大就大，要小就小，要圓要扁，要全部或局部，要白天談，要晚上談，要去公司談、家裡談、咖啡廳談、電話談、手機談、電腦談、電視談、網路談，通通沒障礙。

　　要相信你所賣的產品是最好、最容易賣的商品。

　　對你的商品，要具備熱愛、熱情、激情。

　　像初戀情人一般，都是優點，都是美麗、英俊、燦爛，妳（你）思思念念都是她（他）的好，你對她（他）都是誇讚、喜歡和珍惜。

　　具備這態度，保險一定像談戀愛一樣，都是**轟轟烈烈**，都是引人注目！

行銷保險是善行

為什麼行銷保險是最有意義和價值的善行？

四維八德是華人從古至今傳家的固有道德準繩，四維不張，國乃滅亡。

八德不守，社會混亂。

四維是禮、義、廉、恥，八德是忠、孝、仁、愛、信、義、和、平。

擁有了這些美德作規範和生活準繩，社會安定，民眾安心，生活就安寧祥和。

保險和八德有什麼關聯呢？

首先是忠。

忠就是不給國家社會添麻煩，因為有了保險，就有了依靠、有了保障，有自保的功能，在沒有想到的事故發生時，用保險來解決，這不就是對國家社會最大的回報嗎？

保險是忠心耿耿的保護神，保護一個人的價值和尊嚴，不離不棄，不因為一個人的社會地位、財富高低，緊緊地守護在身邊。

第二個是孝，大家都清楚，就是我們沒有在尊長膝邊承歡，我們也要儲存父母親的養老金和生活費用，我們也要準備自己的生活費用，讓父母親不會困擾，萬一自己在安全上有所危難，反思最起碼留下足夠讓雙親有倚靠的生活費用，讓他們減少顧慮，這是最大的孝心。**孝之四種境界：小孝、中孝、大孝、至孝，小孝是以物養親，盡心養親，使父母**

38

衣食無慮。中孝是以順怡親，上體親志，使父母順心安樂。大孝是以養榮親，行善濟世，使父母光耀門庭。至孝是以德拔親，行道立德，使父母成就生命。

要達到這四境界，完完全全離不開用保險來圍事。

仁是大家互相幫忙，有事出錢、出力，小災害小困難親友可以互相幫忙，大事故幫不上力，利用保險來互助，那可不一樣了，一集合就是數百萬、數千萬、數億人的力量，大家一點點小錢，集合後變成可以讓大家都有依靠的費用。

談到愛，愛人和愛己之心，我們期望用一點點小錢做互助金，希望自己用不上，去幫助發生事故的人，這善行就是愛的表徵，慈悲喜捨的表現。

再來是信，信是言而有信，你要發願助人，但也有可能出了狀況事與願違。

但是用保險來互助，保險條款、基本法合約就可以維繫有尊嚴的，不用請託、不用找關係，就可以得到賠償。

至於義，最大的義行是捨生取義，用生命做保證，在最大事故發生時，有情有義的不讓家人有經濟上的顧慮。

保險也算是另一型態的集資眾籌，讓企業順利安全，不會因為風險帶動企業的不穩定，也**讓家庭安心，大家得到長遠的幸福**，這就是和。

平是公平，透過精算機制，大家公平得到庇蔭，創造最大的福祉。

講八德，激起客戶心理底層的善良面，你會得到正直、穩定的客戶，你會容易成交的。

跟著時代走，機會處處有

　　現在是和以往農業社會或工業社會，絕然不同的高突變化的後現代化型態。

　　種種以往想像不到的景象都出籠了，所以不能用以往的應變方法，來準備無法想像的狀況。

　　現代的狀況往往無法平衡，不是偏高就是偏低，有哪些是偏高的現象？

　　高齡化已經是共識，亞洲的各地區最為嚴重，2020年統計，日本65歲以上的高齡族佔了人口的百分之28.7，一眼望去都是銀髮的老齡族，三個年輕人要照顧一位老者，年輕人養不起老人，所以很多老齡者又出來工作。

　　海關迎接旅客的人員、麥當勞的臨時工、的士駕駛者，很多都是高齡族，高齡身體健康可以工作是好事，蹲在養老中心就不好說了。

　　台灣狀況也不是很理想，2020年65歲以上人口佔了總人口的15.5%，六個人要照顧一老者，交通工具上敬老座越來越多。

　　2021年中國大陸第七次全國人口普查報告，65歲以上人口達到一億9064萬人，佔總人口的13.5%。

　　老齡化問題帶來甚多問題。

　　高照護費用、高醫療費用、高學雜費、高貧富差距，還有人與人相處的疑慮高。

現代還有一個可怕問題，高度離婚化。

以前結婚是白頭偕老，現在往往七年都困擾，離婚數量和結婚數量快成正比了，以往創業夫妻同心是最好的創業夥伴，現在也不靠譜了。加上女性企業家紛紛冒出，女企業家離婚資產去掉一大半的案例層出不窮。

加上一些偏低的現象。

低生育率、低薪資、低利率、低經濟成長、所得替代率、低應變力、低商業發展安定力。這些都是讓人頭痛和心酸的事實，如何是好呢？

建議在行有餘力時，趕緊買保險，用保險作理財、保值、節稅、保親情、保尊嚴，最是可靠。

把這些現象告知我們面對的人們，不管他們與我們是親疏遠近，不論他們是男女老少，保險是他們必要的物品，也是保險從業人員最容易銷售的道德良品。人口老化和單身、單親，是人類最大的挑戰，但也是令人興奮的事項之一。

悲觀的人感到驚悚，他們只看到這些問題帶來的衝擊和危機。

樂觀的人看到龐大的商機需求和高消費能力。

銀髮族往往是多金的一族，只要迎合需要，消費能力高，相應需求也會蓬勃，老人經濟商機的發展相當令人期待。銀髮族的保險生意無窮盡的龐大。而且不是大，是越來越龐大。

再加上單身、單親問題，用保險的功能去想，怎麼想應該就怎麼興奮才是。

跟著政府走，商機保證有

只要你能夠跟著政府的風向走，靠著政府需要提供給民眾的套路，你的保險生意怎麼做都做不完。

要知道政府是最大的保險經營者。

政府提供了社會保險、健康保險、勞工保險、農魚民保險、軍人保險、強制車險、微型保險、學生保險、工會保險等等，有補貼，有保障，這正是代表政府是最大的保險經營者的表徵。

政府要讓民眾都可以得到安全的庇佑，也要在發生重大事故的時候政府所承擔的壓力下降，所以政府必需要有類似保險公司的做法。

政府有鼓勵民眾買保險嗎？當然有。

保險費可以降低稅賦。

理賠金的項目免稅。

政府宣導保險功能、以房養老等。

保險觀念在學校推動，在課本裡教導，設定保險日，鼓勵拍攝保險相關的影片等。

政府的保險有問題嗎？問題不大，但是還是有問題的。

第一個是政府的保險通常都是保額不夠，在一個人離去時，理賠額度不是很高，這金額不足讓家人安心無慮。

第二是醫療費和住院時很多費用要自付。

住房差額、醫療費、特定的藥材費用，都要自行負擔，新進的科學

42

儀器和藥方，都要自行負擔。

　　看護人員、生活費用，這些都是難以想像的數字，這也是為什麼政府一直宣導民眾多買保險的緣故。

　　另外要保險的一些因素。公司要經營穩固，保險要買對、買足。

　　家庭要經營幸福，保險要買夠，買全。長輩要後代和樂不生糾紛，用保險來維繫。

　　公司要永續經營，靠保險來襯托專業經理人的安心。讓員工無慮，用保險金當退休的一筆福利。

　　讓董事們好好的監管公司，董監事也要有責任保險。

　　養老的基金、醫療準備金、子女的創業金、深造費用，全部都要靠保險。

　　政府法令保證，法規給於安心，這都是需要保險的事實根據。

　　一般的企業用時間、用努力去開拓業務。有智慧的企業用槓桿方式去掌握時代的脈動。

　　有格局的老闆每天做三件事。

　　融資、找人、喝茶。

　　融資事讓資金不匱乏，不能斷鏈。

　　找人是讓企業接棒有人、生生不息。

　　喝茶則是找出最好的經營之道。

　　只要有心，夠格，在睿智的發揮下，保險絕對在經營之路擁有一席之地。

跟著趨勢走，話題到處有

時代變化非常嚴重，如果不買保險將會發生很大的損失。

大陸一家企業甚為出名，董事長是女士，女強人也有婚姻問題，這位女強人和她先生離婚了，這一來，好幾十個億的財產去了一大半，企業差一點出狀況。

現在離婚率高，有些地區的當年度離婚數大於結婚數，因此未了萬一，有些就不辦結婚了，但單親問題、小孩問題、未來財產傳承問題，都是問題。

不談離婚這個問題，我們談正常的一些狀況。

人生財務的需求，是創造財富、安養老年、家人無慮、企業經營健全，所以在資金調度方面就要加規劃。

子女教育、稅務規劃，更應該不能省，老人安養不用提了，現在已經是顯學！

至於不是立即可以見的隱憂，有包括長期的疾病拖垮家庭和公司，現在的三高慢性病越來越可怕，健康問題包括醫療費用、看護問題都是大問題。

癌症現在幾乎可以治療了，很多人士摒棄化療，但是癌症的另類治療費用難以想像，我所認識的幾位醫護人員告訴我，除了正常社保、健保外，一個另類治療療程要花上臺幣兩百多萬（約人民幣 50 萬），而且醫生也不見得每個病患都願意治療。

打造頂尖團隊六大修練

還有可怕的重大疾病、復健費用，這都是難以想像的高，加上少子化，父母、配偶、子女、房貸、稅金、財產傳承。

還有不知道的未知的風險，如**疫情，一發生，多少企業撐不住，香港、新加坡、台灣，航空公司紛紛陣亡，一個國泰航空，近萬人的被離職，員工的生計將如何。**

中美貿易之戰引發景氣，還有品牌、商品、市場，都有難以想像的危機。

另外接班人、專業經理人的問題，這些都難以想像，但難以想像不等於不去想！這些問題其實在承平時期就要儲備，儲備的方法很多都可以用保險來作為解結風險之一。

疫情發生，也不是百業都蒙傷害，看懂趨勢，一些行業反而得到利基。

像船運，一枝獨秀。生技業，得到青睞。

時代轉變了，買方變了，賣方不變，死路一條。

買的方法變了，賣的方法不變，自找麻煩。

環境變了，需求變了，但賣的人形像不變，何來受顧客接受。

保險的市場需求是龐大無比，寶貴無以倫比！但這要看經營的人如何面對。

一個人在社會行走，要會三件事，做人、做事、創富！

做人是把理念傳達！

做事是把責任帶好！

創富是讓自己和夥伴與客戶無財務顧慮！

你要看懂趨勢的變化，眼光要周全，看懂未來事，走對下一步。

跟著高手走，冤枉路不摸索

　　保險在西洋已經有好幾百年歷史，在東南亞和台灣也有五六十年了，中國大陸雖然保險現代化較遲，但從業夥伴多，在碰撞激勵互動下，高手迅速出現。

　　保險營銷之路萬萬條，各有聰明才智和門路，但像功夫一樣，各門派都有獨門功夫，高手也都有難以學習之套路。

　　你可以自學，但這要摸索、勤練。你靠你的聰明智慧努力勤學，但畢竟有些經驗值不是苦練就可得到的。

　　建議盯著高手的成功方法，聽他們怎麼說，聽他們在處理複雜案例時，如何下苦心的。

　　什麼是高手呢？

　　各公司的高峰會議會長、年度會長、MDRT 得主，者或是 CMF 得獎人，或保險大會分享者。

　　他們可以得到這些獎勵和榮耀，都不是泛泛之輩，他們可能是大團隊的領導人，可能是成交了大保單，或者大量的保單，或者像**台灣陳玉婷 3W 已經快 30 年，或者有些出版了著作的高手。**

　　他們各有所長，有些在團隊的發展有訣竅，有些處理專業問題有獨到功夫。

　　他們除了有大量的名聲之外，還有高質量的客戶，客戶會幫他們做延伸，他們在遺產稅、信託、遺產法規、商業法、職域開拓或保單健檢，

都有他們一套。

他們有高收入，他們有高名氣、高地位，這些高手通常謙虛、好學、會和各公司高手交流，你向他們學習，比你自己摸索快多了。

你必需要花點時間或者花學習的費用，去參加他們在保險大會裡面分享，你購買音頻、視頻、書籍，如果你不花時間，不花金錢，你會浪費更多的時間，浪費更多的金錢！

反之，你會在保險營銷界裡得到遊刃有餘的各門功夫！

我認識一位高手，他常說他的房屋、車子、家庭皆來自客戶的賜予，他對客戶只有感恩，只有思考回報，他不願客戶對他的服務不滿意，他日夜思考的都是如何讓客戶擁有最超值的回饋。

他定期和客戶聯繫，他幫客戶作帳，因為他有會計的專業能幫客戶節稅，客戶愛死他了。他還每年安排客戶作體檢，一有狀況立刻安排也是客戶的中西名醫幫忙診治。他整合客戶的資源，舉凡旅遊券、泡湯券、折價券、優待卡、電影首映票、咖啡券、手機、電腦、演講票，他應有盡有，客戶對他的超值禮物無話可說。

當然他的業務也好得沒話說，他說只要是比賽月，客戶就會傾全力的協助他奪勝。他已建立了讓客戶信任的口碑，他與客戶融合為一。

自信的笑容、澄朗的眼神、不計小利的格局、與人為善的態度、加上主動積極的行動、別人作不到的關切與體貼，這些都是贏得大成就的本錢。

跟著團隊走，成長必然有

首先要問一下，你來從事保險工作，是屬於哪個群組呢？

你是一個知識淵博的博士，你講得一口好學問，對基本法、保險法規、條款琅琅上口，但是實務上你的市場成交並沒那麼高。

或者**你是屬於囚犯之型的**，自怨自艾，經常埋怨公司、埋怨商品、埋怨團隊、埋怨客戶不領情。

沒有人把你抓來做保險的，是你自以為被欺壓，或者因為你的經濟問題，所以你必須來從事保險工作，看看可不可以賺快錢。

或者**你是度假者**，來這裡跟大家快快樂樂過生活，收入高低無所謂，工作自由，朋友多，吃吃喝喝到處走，業績好壞無所謂。

或者你認為**你是一個傳教士**，認為保險是對的，你認為保險幫助人類，所以你來發揮保險的價值理念，宣導保險功能，但你未必然有好的收入。

你是什麼型態在從事保險工作呢？

你可能是上班族，安定持續收入最重要，你擁有了安居的房子，有夠用的收入，夠用的支出和渡假旅行的費用即可。

你也可能是因為自由工作者，你自由自在，自我管理，自我發揮，擁有一定的客群。

或者你是一個企業家，你是老闆，你擁有龐大的團隊，你有被動式的收入，你是領袖，你有高收入，你要把團隊帶到一個更好的境界，你

擁有名車、豪宅，你常享受美食，可以出國度假，這都是因為你發展團隊的關係。

或者你是一位投資者，你從保險業得到收入，你把收入投資在不動產、股票或者購買大量的保險，因為這些投資，讓你能夠創造另外收入。

總之，保險經營是快樂的一份事業，因為你的認知，你的屬性，你跟著團隊走，或者創造一個又活力、肯學習，和時代成正比的團隊，你可以創造自己的一片天。

好的團隊常有豐富的外在能量灌注。有一次，我在被邀請去一個傑出團隊的進修會時，他們邀來一位牧師在我前一堂上課。

牧師說：如果我不是一位牧師，我一定要當一位保險從業人員。

因為牧師只能在婚禮和喪禮的時候，為人們獻上祝福和鮮花。

但保險從業人員，他是上帝派來保護孤兒寡母的天使。他可以讓他們有了房租和水電費，也提供生活費用和學費，這是牧師作不到的事情。

牧師提供的是溫情和關心，保險從業人員提供的是實質的幫助！

這位牧師是引用了一位牧師前輩對保險界期許詞，他讓全場夥伴動容，提醒一個團隊要有共識。

提醒有責任感，兢兢業業經營的團隊，絕對不是一個個體戶所能體會得了的。

團隊的能量讓大家可以全力以赴！

跟著 AI 走，創意無限有

現在是 5G 時代，5G 代表什麼？ 3G 時代，風值數率是 43.6Mbps，下載兩個小時的影片要 3 到 4 小時。

4G 時代，數率 100Mbps，下載兩個鐘頭的電影約略 7.3 分鐘 44 秒，發簡訊、上網，觀看 FHD 的影片是可以的。

到了 5G 時代，速率達到 100Gps 以上，下載 2 小時的影片少以 4.4 秒。

這個時候發生了巨大的變化，簡訊、上網、看 4K 電影都是小 Case，整合物聯網、工業 4.0 的時代來了，智慧住宅、自駕車、智慧城市、智慧醫療、虛擬實境統統來了。

5G 的時代可以說海闊天空，客戶無所不在，機器人也可以談保險、賣保單，你會不會擔心機器人把你的工作取代，就像世界圍棋高手輸給了機器人，駕駛被無人車取代了，很多行業被消失了，保險營銷員會不會被邊緣化，也被取代了！

放心！正好相反，**保險需要人性、熱情，在講究人情、關係的華人社會，機器人無法把事情搞定的**。

機器人的廣博學問，各種知識的取得容易，各種行政事務的處理快速，容易解決客戶的專業問題，這是最大的好處！

AI 當助手有非常多的好處，他不會拿你的薪水、不鬧情緒、不會喊累，他可以全天工作，全年無休，他會幫你抓大數據，分析這些名單數據的背後，是什麼一個狀況，確確實實反應大市場的狀況！

他也會幫你抓小數據，在一個封閉性的圈圈裡面，他把這些數據做徹底的分析，瞭解和計算。

他是一個好的搜尋者，幫你去找你要的資料。他也是一個好的記錄者，凡走過必留下痕跡，然後把你所所走過的作分析做判讀。

事實上他是一個稱職的顧問，成本比顧問費用又低太多。你可以用他的特性幫你做生意、開發市場，幫你去連結必要的市場資源。善用 AI 功能者，前期的作業準備，中期的解決問題和文書處理，後期的服務，他是勝任有餘的！

再提醒一下，利用 AI 來幫助保險營銷是必要的事，尤其疫情發生的期間，搜尋客戶、線上諮詢、線上投保、行動投保、理賠服務、各種售後服務，這些都變為常態，人工再也回不去了。

但是言語的溝通，家族、親人之間的敏感問題解決，責任的衝擊，人性的調理，這些就需要人際直接和迅速的處理，這是最高端的 AI 機器人也無法處理的問題，行銷人員結合 AI，空間會更大、更有發展力。

以往行銷人員要靠助手，要藉交流或購買得來的名單、資源，現在 AI 幫我們很大的忙，分析、統計、大數據，全部一把抓，你要在保險界裡面發揮和勝任，結合科技，你更加得心順手，無需擔心和煩惱的！

51

民智在轉軸，需求無限有

人生都有種種的目標，所謂沒有目標的人要替有目標人工作。小目標的人為高目標人來服務。

你的目標怎麼呢？您只需要一份穩定的報酬，還是有更高的報酬和社會地位呢？

因為你有大目標，你才可以創造更大的效益，你可以增加附加的價值，也可以降低風險。

所謂「**人生若有大目標，千金萬擔我敢挑。人生若無大目標，一根稻草壓彎腰。**」

現在是保險當令的時代，沒有保險，寸步難行。

沒有保險，老年的日子難過。

沒有保險，一生努力打拼來的資產無法安然傳承。

所以事事樣樣離不開保險，所以從事保險工作，就是最好的一份工作跟事業。

我常說，**三生有修，今生才有幸從事保險工作**。

只要努力的學習，努力的配合時代的需求，你就可以創造更大效益，增加附加價值，而且去除風險，不擔心如同一般企業經營的各項風險。

你儲備了足夠的食衣住行育樂必要的開銷，這是智慧型的收入，團隊發展也會帶給你被動式收入。

我更要如此說，今生有修，今生才有幸得到創業大團隊。

要有大團隊，需要不停的修煉，不停的付出和分享。

在時代快速變化的時代，變就是最大的不變，在客戶的需求增長之時，你擁有一個夠格的團隊是必要和值得自豪的！

再給你幾個建議：

1、你的業務大小完全由你的眼光決定

2、充分利用你自己，因為那是你所有的全部

3、對你正在做的事，要有把握，要有十足的把握

4、你說話的方式，遠比你所說的話，來得重要多了

5、看懂趨勢潮流，抓得住策略，行動果決，你會有不一樣的人生。

6、敢改變思維、行動，敢於採取網路發展業務和擴大團隊。

7、不會利用網路開拓業務，你就準備關門大吉。

8、善用人脈，創造人脈的效能，讓客戶喜歡你，因為你是人脈連結大王。當客戶需要你，比你需要他來得多，你就成功了！

一場疫情，改變了全球的正常運作、商業模式，甚至人心和思維，跟得上得到轉機創造歷史，跟不上成為沒沒無聞的歷史。

案例多警惕，刺激商機湧

一段時間，就可以看到知名企業二代鬩牆甚至父子反目，對簿公堂的新聞話題。

因為財產沒有妥善的處理，被認為不公平、不合理，或者根本就是人為因素和不同派系的爭議，對長輩辛苦一輩子所流傳下來的財富，往往不是克紹衣裘、大家努力經營，而是官司滿天飛，不歡而散。

但也不是都壞的狀況。

有些案例因為當事人高瞻遠矚，或多了一份擔心，或聽從財務專家的意見，超前部署，終於得到好的狀況。

香港李嘉誠讓家人每個人擁有最少一個億的保單，他說保單財是家人真正的財富。國泰人壽創辦人蔡萬霖，他用保險額度降低了遺產稅，人盡皆知。

被稱為**商界花木蘭的杜鵑，她把每個月老公王光美給她的零用錢買保險，在國美企業出事時，立即拿出兩億多的現款穩住了企業不至於崩潰**。

王菲給女兒買了足夠的終身保險。

影星梅艷芳她在病危的時候，把她高額保險理賠金信託，因為她母親較為奢華，為了不讓母親突然間有了大筆錢，一下子用完，未來得過悲哀的日子，所以做了準備，用保險金信託。

負面的是長榮集團大家長一走，遺囑立刻被質疑，受託人（顧命大

臣）也被認為不公平，所以兄弟們就告成一團，好好的企業形象受損，造成無限的傷害。

台塑王永慶是經營之神，在生的時候就用各種方法將龐大的企業資產基金化和交叉持有，但還是百密多疏，子女也是爭端四起。

台灣新竹市，一位老先生他把財產給兒子之後，兒子們不再孝順，他一氣之下，叫工程車把幾棟房子給拆除了。

類似如此的案例太多了，可以說不勝枚舉，這些觀念告訴我們，如果用保險的機能，可以克服的現象就可能多了些。

有一個溫馨的小故事。

一位父親退休已久，住到養生村，雖然是自願的安排，但分配財產後各自打拼的三位兒子也未免太久沒來探望了。

有一天，他以前的保險服務員去看他，突然聊起，當年有保了一張兩千萬的終身壽險，早就繳費完畢了，有利用嗎？老人忘了這一回事，趕緊一查，居然好好的兩千萬壽險額度安好的放在保險公司。

保險服務員建議他，不妨將保單有保額的那一頁 COPY 三份，寄給三個兒子，當然受益人遮住不公開。

影本一寄出後，神奇的狀況發生了，三個兒子常常來探望，甚至四個人可以坐下來打麻將，當然如何分配受益金就不用提。

這算是一個保險讓父慈子孝的案例吧！

東西方觀念昇華中

在西方常可看到百年企業，而華人集團百年企業相對嫌少，其中一個重大的因素，西方人與華人的財富支配觀有非常大的不同。

我們舉一個通例來看。

華人的爺爺如果他有資產 1000 萬，他在過世的時候，會留給老大 500 萬，老二也五百萬，這是最和諧和公平的狀況。看來不會起爭執，但好好的資產就因此一分為二。

老大的 500 萬在要離開人世的時候，留給大孫 250 萬，留給二孫也是 250 萬。

老二他拿到五百萬，也是在過世的時候留給大孫 250 萬、2 孫 250 萬，結果企業沒有辦法好好的經營，財產逐漸縮水，企業越縮小化。

西方的爺爺，做法就相當的有技巧。

同樣的 1000 萬，他會快樂的享受 700 萬，用 300 萬買 2000 萬元的保險。

他走的時候，兩千萬的保險金，各留一千萬給他兩個兒子。

同樣道理，大兒子 1000 萬也是花 700 萬，用 300 萬買 2000 萬保險，二兒子也是一樣的處理，結果一代一代的資產一直在增加化。

一樣的錢，不一樣的使用，價值不同，後果大不同。

時代在變化中，企業經營的觀念也在變化，對保險的需求，透過有能力的業務同仁的說明，安排讓客戶信任，保險市場當然就大到無限的

大。

　　時代的觀念在變化，以前想不到的、不願去做的，現在不是心甘情願願意做，或是突然喜歡了，而是翻轉觀念下，被提醒或被教導去做了。

　　資產安排、財稅需求、避險機制、財富傳承、專業經理人，這些都是在時代的需求撞擊下，逐步需要保險來規劃的。

　　律師、會技師、顧問師、保險規劃專家，這些都成為企業、家庭、團體，不能或缺的中要角色。

　　我和夥伴常常一段時間，就會接到準客戶的私密諮詢，他們都是高資產者，他們有龐大的資產，房屋、土地、股票，但年紀大了，開始擔心了，他們要尋求產傳承或資產保護的好方法。

　　他們也會買了若干保險，但通常那是人情保、壓力保、隨意保，對資產的幫助不大，所以他們急著要有可靠的方法。

　　疫情期間，雖然人和人的接觸是可怕的，但因為有立即的需求，有被侵害的恐慌，財產的安排成為必要。

　　幸好網路化、視訊化的貼近下，客戶的保險需求仍然可以被安排。

　　讓客戶安心、讓客戶財富穩健、讓企業長期經營、讓家族不必繼承事業也可以繼承財富，這是現代的新趨勢和觀念。

　　保險行銷人員必須跟得上時代的腳步，讓科技化的落實成為展業的助力。

　　人要不是被時代的巨輪輾壓，就是站在巨輪上面的平台前進，看你選擇哪一項。

各階段做規劃，民眾最稱許

　　客戶對保險通常是又愛又害怕，愛的是他知道保險的重要性和必要性，怕的是他自己對保險的一知半解，不知道營銷人員是不是站在他的立場來幫他做規劃。

　　所以一個能幫助客戶解惑的合格營銷員，他應該站在讓客戶有益的立基點。

　　首先是你要知道客戶在想什麼，要什麼、想聽什麼，你千萬不要一招半式闖天下。

　　一個人出生到 30 歲，是被父母呵護，責任是把書給讀好，準備創業或入社會，自己重要的是保護好自己的身體不要毀傷，除了父母親給他買保險外，他自己應該也要買保險，零用錢或打工的收入，花掉就沒了，但此時買保險最是划算，保費低、可保率最高，要趕快買，趕緊擁有人生的第一桶金。

　　30 歲到 40 歲是結婚期、創業期。

　　此時必須開始做理財規劃，越早規劃，越是得到大的槓桿作用，對於小家庭有了大保障。

　　40 歲到 50 歲是人生的擴大，這時候就要想到未來的退休規劃，財產傳承等問題。

　　50 歲到 60 歲，是傳承期，開始要做資產的保全。

　　60 歲以後真正進入財產分配期，準備交棒了，如何安全傳承，這就

是一個夠格的保險從業人員該做的事情，要在保險界發光發熱，先問問自己你夠不夠有作為一個財產顧問師和規畫師的能力。

在商場的習性裡，往往第一人賺大錢，第二人賺小錢，第三人賠大錢。

誰能開創新意，帶動新機，誰就有可能博得大商機。

銷售工作不用投資大成本，沒有財務投資的風眼，不用花長時間去研發，也無須低價流血競爭。

端看你有無智慧，有沒有一顆熱情奔放的心，能不能帶動風潮、引領趨勢。

只要商業社會存在的一天，任何人就有機會憑自己的功力博得好成果，但能否有傲人佳績，還看自己如何去發揮。

高科技時代，沒有所謂的永遠第一名的道理，但會有大者愈大，小者愈小的機會和風險。

現在的商業競爭是好的愈好、壞的愈壞，多的愈多、少的愈少。

你要有什麼樣的市場規模，就要先給自己多大的企圖心。

唯有應用保險保護各種標的，提供安全無慮的資金鏈和防護金是最實在的。

對時代，你不是跟著改變而已，你要演化，讓客戶的焦點在你的事業陳述上。你要進化，不要浪費每一次危機的刺激機會。

邱吉爾說過；**不要浪費每一次的危機。**

危機會過去，你的機會沒掌握好，你就只能懊惱、嘆息。

嘆息無用，趕緊找方法，機會永遠在。

學習意願高，成果自然豐

　　5G 時代，資訊來源多，客戶的各項資訊來源多，如何讓客戶尊重你的專業，喜歡你的服務，雖然網路買保險方便也不受時間干擾，但仍然會接受實體的你親身服務，關鍵何在？關鍵在你的內涵呈現和魅力感觸。

　　一個人為何有多元的內涵和魅力？這是你從多元的平台取得的學習成果。

　　AI 可以讓客戶學到很多資訊，同樣的，你也可以從 AI 上得到你要的資訊。

　　學習的管道豐富、方便又價廉。

　　線上容易讀和聽看，但因為太容易，而且人的心覺比聽覺和視覺快上十倍百倍以上，所謂心猿意馬和靈光一現，太容易神遊各地，所以建議還是多參加線下課程。

　　線下課程的優勢是進入實境，講師講得好，吸引你的注意力，而且可以立即討論，尤其對各種新的法令的詮釋，這是比線上更強的效果。

　　在學習的金字塔裡，我們看到，如果是隨意的學習，大概只有 1 到 10% 的收穫而已。

　　如果是自己讀，大概吸收能力是 10%。

　　如果是聽，聽覺效應可以吸收大概 20% 的收穫。

　　專心的看，可以到達百分之 30 的效果。

　　看高手演練，是視覺吸收，可以達到 50% 的效果。

如果參加討論，會提升到百分之 70%。

如果提升到用自己的行動來實踐，有可能會達到 90% 的效果。

最後是堅持學習、勇於投入，會得到 100% 的成果。

一個人可不可以成功，最關鍵的不是人脈，也不是聰明才智，是他的認知和態度。

能夠掌握正確的學習，能力和時代成正比，客戶滿意，團隊夥伴樂意，事業進行就可順意，當然事業就可以得意。

我每天都可以聽一個小時以上的線上課程。

通常坐在椅子上聽的是制式課程，如早會或保險公司提供的產品或行銷內容。

我利用每日最少健行萬步的時間，聽得五花八門不同樣式的節目。

如此你的思想會多樣化，你和他人講話的內容便可以有深度、即時性和有趣性。

疫情一發生，線上教育和知識傳遞突飛猛進，沒有人可以抗拒線上知識的傳遞，每個人都可以是線上教育的受益者，差別是你用多少心思去接受和應用。

線上學習已經成了顯學，加上必要的線下課程，你會學更多，得更多。

多多應用時代進步的好處，人生便會多采多姿。

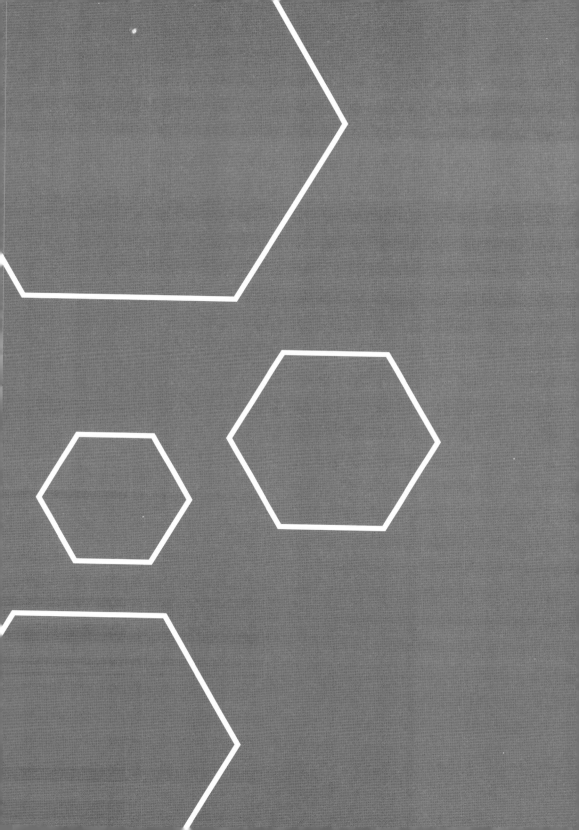

第二章

掌握團隊發展的秘笈

發展團隊的要因

現在若不為發展團隊費心，將來必會為推展業績操心。

太多的行銷員說：從事保險工作，行銷就好了，為什麼要增員、發展團隊？

他們會這樣講是因為：人不好找！不好帶！陣亡率那麼高！又不能馬上看到利益，還要花時間和金錢在他們身上，太划不來了！

你當然可以專心行銷就好，不要花什麼心思在發展團隊。

但必須這麼說，如果你還要在保險業發展，現在若不為發展團隊費心，將來必會為推展業績操心。

人會老，力會衰，難道要一輩子孤芳自賞？

推銷靠體力、靠勞力、靠心力，靠經驗。

若不把經驗傳承出去，過時的經驗不值錢。過往的紀錄成為白頭宮女話當年，只能緬懷，難激勵。

今日發展團隊雖累，他日伶仃孤獨更苦。

雖然發展團隊在開始時面臨非常多的困難、阻礙，但這像是蓋大樓，畫圖打地基時，問題重重，可是當基礎穩固，冒出頭往上蓋時，又迅速又雄偉。

個人行銷，雖可憑自己的努力創造績效，但時日一久，獨行俠不敵百萬雄師。

項羽強，敵不過劉邦人才濟濟。

不提升，沒有團隊，客戶也不信任。

客戶在你打拼時，形象好，衝勁足，服務不錯，樂得支援你，但時間一長，客戶的企業已規模宏大，而你還是孤家寡人或部隊單薄，他會不會認為你是哪裡出了問題！

就像一家公司，初期創業必然克勤克儉，人力精簡，但五年十年後還是如此，消費者必然懷疑是技術有問題還是哪裡出差錯，否則怎會如此。

保險無法完全被 AI 機器人頂替。

要把保險精神擴大唯一的辦法就是團隊經營。

保險不但是勞力密集的行業。還必需要有溫度、有人性的溝通和關懷。是無法被 AI 機器人完全頂替的。

但團隊要常注入新血，提供養分，新陳代謝。

讓血液透過有活力的神經注入有機體，創造無窮的新生命！

一人銷售造福百家，百人經營庇佑萬家。

你一個人再厲害，畢竟時間精力有限，為何不能複製善於推銷的你呢？一個人是可以造福百千個家庭，但一百個你，不就幫助了數萬、十萬、百萬的家庭？

一人銷售百萬千萬，千人共事無數億萬。

一個厲害的你，提供的保障金額可以達到數百萬、數千萬，但培養和你一樣厲害的千百人團隊，你貢獻給社會、國家，是無數億萬的安定基金。

你要想得開，想得透，想清楚，在從事保險的起跑點給自己最大的發展機會！

發展團隊的價值

保險工作不但是功德事業,還是志願工作的行業,更是聖賢期許的偉業。

所以要從工作＞事業＞志業＞聖業。

天底下沒有什麼工作像發展保險團隊一般。

可以天天存善念、講好話、做好事、複製成功,培養新血,幫助了無數蒼生和家庭。

擴大社會的善能量,提升國家財富,建構幸福社會。

幾個面相來看保險:

一、精神面

‧立功、立德、立言三不朽。

‧助人行善福蔭三代。

‧成就偉大領袖形象受到景仰、追隨。

‧化身助人,聞聲救苦。

‧地位崇高,實現人生價值。

二、成就面

‧培養無數成功者。

‧受肯定尊重。

・是學習的對象。是社會標竿。

・是成功的象徵。

三、生活面

・享受被動式收入（善有善報）。

・收入輕鬆穩定（累積功德自然福報）。

・生活品質良好（禪師境界）。

・可常和優秀夥伴出國度假、進修

・各種獎勵和各種跨公司的行業大會，舉世少見。

・加入社團，服務社會，義助弱勢，社會表率

・可增進人脈，提升地位。

四、夢想面

・錢多事少離家近／成熟階段當如此。

・權高位重責任輕／分層負責必如是。

・睡覺睡到自然醒／壓力分散精神爽。

・打球打到手抽筋／健身聯誼兩相宜。

所以經營保險事業不能只靠自己，只憑一己之力，就是自己能力高，也應該不藏私，找到好的學生、收幾個好的門徒，傳賢傳能，複製成功，複製希望和偉大！你的人生不再是黑白，是彩色、立體和有深度，你的應用從 3D、4D、5D，還要進化到 6D 的。

增員工作是今天做不好，明天就會後悔的事

許多壽險銷售人員談到「增員」時，常常會說：「為什麼要增員呢？我自己做比較快。」

或是「找人來做保險太麻煩了，而且賺不了什麼錢，事情一大堆！」或許這些人也知道增員工作的必要，但由於長久以來的工作習性及心理因素，以致在增員上繳了白卷。你要明瞭事實：

「增員工作是今天做不好，明天就會後悔的事！」

「會推銷的人不過是工匠師，善增員才是真功夫！」

「推銷用力氣，增員靠智慧！」

「推銷成功你得意，大家幫你鼓掌。增員是團隊成功時，大家一齊鼓掌！」

「推銷像賣薰繳，一次的好處；增員是年年還本。活得愈老，領得愈多！」

另外幾個絕對的事實必須去瞭解：

一、增員讓保險之路不孤獨

一個人在保險路上踽踽獨行，是多麼落寞、孤寂！為什麼在快樂時、興奮時沒人可分享？為什麼在痛苦、失望時沒人可分擔？自己獨到的創見、資訊，為何不能讓有共同利益、情若家人的夥伴來共用？透過教導

所激發的技和共鳴，更能達到教學相長的雙倍效果。所以，保險之路不可以做自了漢，獨善其身。

二、增員讓保險事業穩健成長

一個人再有能耐，一天不過二十四小時。智慧再高，沒有多人學習還是難以複製。身體再強壯，擋不住疾病和衰老。

但有了團隊，會多出一條生路，當無法預測的危機發生時，仍有無虞的收入和地位，就像擁有以時俱進隨地位和需要投保的保單，是分散風險的措施。

三、增員讓保險觀念更擴散

在體悟了保險是替天行道，人我兩利的功德事業後，不是就該更竭力為善和佈施嗎？不是在得到心得時就急想著傳播出去嗎？如果你不是一個團隊的負責人，別人的團隊還會和你有呼應的默契和撞擊嗎？

前英國首相，第二次世界大戰的英雄邱吉爾說：「如果我做得到，我將在家家戶戶的門口寫下保險兩個字！」要把這理念真確推廣，沒有龐大的團隊是作不到的。

四、增員是增加業績的不二法門

根據統計，每年 40% 新業績皆來自新人。所謂「**老狗玩不出新把戲**」，如果沒有新觀念和持續力，老人的表現就乏善可陳。

新人有他的新市場、人際網路、新的思考模式和新作風、新科技能力，往往帶給單位新的氣息和風氣，有時只是一兩個新人的帶動，整個職場的氣氛即為之丕變，業績隨著一飛沖天。要能有效的發展業績，增加新人是最有效率的作法。

69

保險之路是勞力密集的行業

除了上篇講的四個理由外，還有四個理由須注意。

一、保險之路是勞力密集的行業

廣大的業績無法只靠 DM 或電話行銷或 AI 機器人。保險講責任、論人性，必須有溫度的誠懇相談，當面剖析勸服，所以它是勞力密集的工作，以時間換取空間的事業。

根據大數法則，只要知道一個保險公司有多少行銷人員，一個團隊有幾張合約書，乘於活動率（即舉績人力），再乘於平均產能，即可知他們一個月業績是多少。一年算下來就有多少業績。

所謂「有樹有鳥棲，有人有業績」，一點都不為過。

二、增員是借力，突破各禁區

一句話這麼說：「成功者先有能力再找機會，平凡者先有機會再找實力」，每一行都有他的專業知識和默契、一個人再怎麼通才也不可能行行皆通、行行皆精。

為求打入不同行業求得有效的績效，光靠自己的努力是不夠的，如果懂得借力，應用化身原理，進入其他領域是事半功倍的聰明之舉。

先找到各行業的人士加入，再以他們的背景順勢打入是最自然且有效的作法。目前有相當多的汽車、房屋仲介、電腦、事務機器、家庭用品的人員轉進保險界即是明證。

三、增員讓直轄成為示範單位

不管晉升到哪個位階，業績的計算、比賽的目標都是以直轄成績為準，而最大的利益也在直轄單位。

「問渠哪能清如許，唯有源頭活水來」，沒有活水，清潭也會變為汙池，少了新生命的加人，團隊不可能是彩色的，而且要以身作則，以業績示人，直轄表現不能不讓人刮目相看。

再輝煌的過去、再強的實力，如果不能以直轄去印證，都是難以說服人的。

四、增員讓老幹長新枝

業務制度是明確且公平的，當部屬的成績到了可以成為主管時，主管必須樂見其成。

一旦分枝出去，帶走的是傳承、文化和實力，老幹如果不再有新枝，業績被超越，可能利益就此中止或減少。

收入是實力的延伸、實力的拓展，我們要的是無限的發揮。主管的示範是長期都可以培養新人，主管的毅力在於誨人不倦、忠於根本。基礎若穩定，良好的迴轉才可以讓保險事業源源再生。

以這八點看來，在保險路上增員有絕對的必要。放眼看去，傑出的團隊和成功的保險工作者都是團隊運作，想在保險界揚名立萬，沒有什麼好說的，把增員工作做好，是唯一且重要的任務。

願景和信念是團隊成長的關鍵

你生命中所發生的一切，都是你吸引來的。

你想什麼，你就能得到什麼！

你若改變了思想，你就改變了命運！

生命中所發生的一切，都與你的願景和信念相關。

你若相信保險是大愛的工程，助人以危，護生敬天。

你就會竭力推廣保險，傳播愛的福音。

愛是宇宙中最偉大的力量，愛的感覺是最高的頻率。

如果你愛所有的事物和人，你的生命必將轉變。

你把保險傳達大愛的願景和信念推動到有心人，讓他們和你一樣的為社會付出和盡力，這社會多美好，這就是增員的真諦。

十個信念是團隊成長的關鍵

1、**從事保險工作就是人的工作**。一方面推廣人壽保單，一方面推廣保險事業，雙管齊下，相信兩件事都會做好。

2、**不要心存我自己賣保單比較容易，找人來賣保單比較難的駝鳥心態**。要告訴自己，發展團隊經營保單，作法並無太大差異，增員反而比銷售保單容易。

3、**只要婦產科不關門，市場就無限大**。新人進來可以得到一份高收入，還有訓練和成長的機會，何樂不為呢？

4、**增員是大數法則**，像推銷保單一樣，多走多講一定有效果。講了不一定有效，不講一定無效。

5、**團隊不增加新鮮血液，日子久了乏味**，業績靠少數人支撐，難免驕兵悍將。聚會、晨會都會變得無趣。同樣的人，講同樣的一套，惡性循環下難以開創新局面。

6、**只要有新人加入，必定會有傑出的人出現**。當然，也會有無效、失敗的案例，這都是難免，你只要堅信你會找到對的人，你要創造龐大的團隊，你就會創造出大團隊。

7、**系統化、例行化、活潑化。將團隊運作變成例行工作**，口徑一致，行動一致，大家分擔工作責任，增員就不再是可怕和令人畏懼的事了。

8、**養成要求的習慣**、決不動搖的相信、開心的接收。

9、**最強效的方法：感恩**，感謝你的客戶、夥伴，感恩能轉變你的能量，感恩的力量，勝過其他一切。感恩什麼，就會得到更多什麼，感恩越多，得到越多。感恩感覺，視覺化看得見。

10、**分享和給予**，助人的錢，就是存入宇宙的本金，因你的發心大小，產生的利息難以想像。對你的夥伴要投資，要分享你的智慧、經驗和必要的費用。你的投資，就像種下種子，成果難以估算。

　　沒有什麼不可能，宇宙中的一切，都是能量，思想也是能量。力量的秘密，就是從意識到力量的存在。內在喜悅，是成功的燃料。

　　越去使用你內在力量，你就會引出更多的力量。你的生命，完全由你負責！

發展團隊的投資報酬率

發展團隊是事業，是藝術，也是一門生意，要能評估投資報酬率，要有經營的概念

你要抓出最大的致勝之道，要知道從何著手經營最大的利得之處。

以目前保險業的業務制度運作而言，團隊產生的利益大致會有：

1、每月直轄的主管津貼、

2、每月區或系統的主管津貼、

3、新人的育成獎金、

4、每月所產生的組織業績匯入年底或半年的獎金、

5、組對組的組織利益、

6、區對區的組織利益、

7、比賽所產生的獎金、

8、有些公司有所轄人員陣亡的服務津貼歸屬、

9、短期或特殊商品的獎勵、

10、獎勵旅遊或學習津貼、

11、保險大獎（如 Ifpa、CMF、MDRT、龍獎等公司的獎勵和津貼）、

12、特殊學習獎勵，如財務規劃師、EMBA、碩士博士等的獎勵和津貼、

13、其他為激發產能，如分枝和新設團隊或提升品質而產生的特殊利益！

計算你增員的投資報酬率

你若能每個月增員一個人。

12 個月增員 12 個人、四分之一晉升（3 個人）。

晉升三人業績以 10 萬計算有 30 萬、一般的 3 個人以 5 萬計算，有 15 萬。

殘存或陣亡 6 人以 15 萬計、一年約有 60 萬業績。

60 萬的業績若自己作，大概需要 30 位成交客戶，

一個客戶從拜訪到成交和遞送保單，要用上 10 個鐘頭，

那麼他必需要 300 個鐘頭以上時間。

300 個鐘頭大概是 60 個工作天。

一年的團隊發展，等於每年增加 60 天，兩個月

而且團隊到穩定階段，會自行擴張、分枝、再生。

所以為何發展團隊的人，他的團隊收益在總收入會逐年占比增加。

你當然可以不增員，自己經營。

但是經營事業或開店，總是希望事業擴張，客戶自動上門。

透過夥伴的努力，客戶蒸蒸日上

可是保險業讓客戶自動上門不容易，但透過夥伴的努力，等於客戶蒸蒸日上。

所以你要先把心力和時間投資在團隊的構建上，這項投資絕對錯不了，投資報酬率最划算，對社會的貢獻也最大。

所以你不要怕辛苦，不要怕失敗，不要怕若干費用的投入，能投資時間和精力，假以時日，必可得到大成就！

發展團隊像房子在出租和有孝順的下一代

發展團隊比買房子投資上算

一個房子價值 1 千萬，以目前的行情計算，一年回收的租金比例大概在 2% 到 3%。也就是說一個月得到大概 2 萬元。

但這有很多風險，如停租、客戶耍賴、修繕或發生了不可測的事情，這些風險不是我們所能預料和控制的。

但是你若把心力和資金投資在發展團隊上，你不用投入千萬，一個百人的團隊回饋一年二三十萬的主管津貼是容易的。

團隊的利潤穩定，而且還會持續增值放大

因為團隊中的百分之 20 有增員觀念，百分之 4 積極且傑出的，你的團隊主管津貼是安全並且源源不絕。

發展團隊，等於增加房子在出租，你要有幾個房子出租，你自己決定，當團隊運作順暢時，房子一直增加中，何樂不為呢？

發展團隊像是擁有孝順的子女

你養一個小孩，你期望他在你老的時候照顧你，希望他一個月奉養你一兩萬，但你把他撫養到大時，你投資了多少錢，你的期望有保證嗎？

現在時代翻轉了，搞不好你每個月還要給他零用錢，還要給他創業金或家庭生活費。

在小孩生下來後，奶粉、保姆、教育費、補習費，大學畢業後，出國，有些不回來了，有些回來卻是在幾千公里外的地方創業或就業。

雖然不能說這錢打水漂了，但這是人生的責任和價值感，畢竟不能用投資報酬率來論。可是心血得不到回報，總是心有戚戚焉。

發展團隊最有價值

反觀若是在保險界裡，努力發展團隊，用心照顧新人，就像結婚生下小孩，好好照顧，不是每個人都長大成人，可是一定會有有所成功者，百人團隊，你的回饋金是可觀的，是非常值得的，辛苦幾年，抓到運作和成長的脈絡，你可以發展自如，你會看到，發展團隊是相當有價值的！

發展團隊實現理想

你可以像照顧下一代，培育子女般的呵護你的新人，你的用心絕不會白費，你可以培植他們更進一步，考各類證照，學各種專長，或者你可以在大專院校設獎學金，提供工讀機會，你和學校合作各種實習，你也可以對慈善機構提供協助，因為你有固定且龐大的固定收益，你的付出會再讓你的回收更增加。

向成功團隊的領導人學習，因為保險行業的特殊性，**如果保險從業人員不談大愛和分享，他就不可能作得順暢和傑出。**

全球保險界都是如此，成功人士不會藏私和擔心模仿，都希望後繼有新人作得好，甚至超越。

所以你只要抓住這要領，帶著夥伴積極學習，參與各種學習的平台和管道，你的團隊即可有成功的機會。

你衡量你團隊的屬性和文化，觀察什麼樣的成功團隊領導人是你最好的學習標竿，你願意向他學習，你就可以有機會像他一樣成功！

發展團隊就是創造被動式收入

投資不保證回收，往往風險大於收入。置產不見得安全增值，少子化、老齡化，有些地區造成跌價或求售無門的窘狀。

房子分租也不一定靠譜，天災或人禍（人在你的屋子發生什麼樣的事你無法掌握）都難預算。

建議你在保險界裡得到「被動式收入」

從事保險工作，誰都想要收入高？可是想要收入高，又怕太辛苦、太有壓力，是不是有什麼方法能夠輕輕鬆鬆，不必做得太辛苦呢？

做保險其實可以做得很優雅、有氣質，且還能讓新人及基層主管起而效法。以個人銷售作為經營主軸，如果年收入能達到百萬，已經算得上是高手了。暫且不論這收入能堅持幾年和能否持續成長，在達成的百萬當中，續年度服務費和各項獎勵大約可占四分之一，其他全部都要靠新年度佣金（FYC）來取得。

75萬的FYC約需完成兩百多萬到三百萬的新契約（FYP）保單，也就是平均一個月要產生二十萬到三十萬的新業績。

再以一件保費平均兩萬元的保費來說，必須完成十件以上的契約才有這成績。

每個月都得維持這麼高的產能，說句實在的，想要不辛苦都很難。

廟小妖氣重，水淺王八多。初期人少問題多，度過了掙扎期，運作可以順手上軌道了

但要發展團隊，剛開始要建立基礎是要花些心思，點點滴滴都要靠自己，尤其初期人少時，煩雜的事務和人事糾葛難免出現。

但若度過了掙扎期，運作開始順手上軌道了，依著成長模式和經驗，持續往目標邁進，問題就會少多了。假設一個月引進一位新人，一年後十二人留存一半、晉升又一半，這一年中穩定成長的三人，就是往後開花結果的種子部隊。

若大家互動關係良好，共識清楚明朗，大家照著每年增加三個幹部的模式走，一年後體系可到達四十幾個幹部，業績量每個月最少應有百萬。

依此推算，年團隊收益應該有 50 萬以上，再加上主管個人示範展業（主管也不可能離開市場），年收入百萬以上絕對是合理的數字。

個人銷售和團隊經營，時日一久，優劣立見

這兩個不同的發展路線至此，雖然初期收入差不多，時日一久，往後卻是大不相同。

個人銷售收入成長不穩定，必須靠長期維持高昂的鬥志和無比的毅力。但團隊經營就不是如此了，主管運籌帷幄，做規劃與統合的工作，並制定協同作戰的策略。除了團隊部隊向外擴展外，主管自己的能力也在進步中。

更現實一點，主管自己的收入也在積極擴張中，而且不太可能下挫。

因為透過第一代種子分配法則，各組平均成長，風險分散，相互競爭與抗衡，造成團隊持續延伸，收益當然穩健且成長。

已有太多實例顯示，發展團隊不必花上數十年，只要方向對，三至五年，年收人百萬，夥伴數百人，素質整齊士氣高超，成就讓人尊想要有這樣的好事，不要懷疑和猶豫，盡早往團隊發展這條路走吧！

增員是智慧和經驗的累積

世界上沒有奇蹟，只有累積

沒有所謂的天才，天才是靠一步又一步的磨練，尋找突破而來的。

增員一定有很多的困擾跟問題。

和行銷的過程都是一樣，增員跟推銷都一樣，只是換一個名稱而已。

一個良好的團隊主管，他必然有很好的增員能力，也一定有良好的行銷能力，否則不可能做好。

領導人要接地氣

他有充分的行銷經驗，他講的話接地氣，他絕對不是憑空想像。

擔任主管不代表你已經有能力來擔任主管的工作，而是代表你已經夠資格來接受當主管的訓練，作為下一個階段的暖身。

所以增員在保險事業裡，是你成為終身事業的一個重要因素。

很少看到一個做了 5 年 10 年 20 年還能夠維持頂尖業績的人，這是很多優秀的因素組合才能做得到的。

你要有不斷的一批人，把你的經驗智慧傳承下去，大家做一樣思維的事情，因為智慧的傳承和累積能夠獲得應得的回饋。

團隊收益不但是被動式的收入，而且一直在累積當中

主管行銷可能賺 100 元，增員可能只能得到 7、8 元，但擁有 20 個人，團隊收益就超越了你的行銷利潤，不但是被動式的收入，而且一直在累積當中。

沒有幾個人願意，辛苦十年二十年還用很多時間拿著公事包在跟客戶懇談，每個人都是希望辛苦三五年，憑著智慧、經驗和複製成功法則，可以得心順手掌握三五十年。

　　你不能用初期增募到的的五個十個人，他們做得好或不好來決定你適合不適合當增員的主管，這對你和對方是不公平的。

只管個人行銷不進行團隊經營，未來必定懊惱後悔

　　在初期，很多人是被你當做實驗物件，是你在練兵，你在磨刀的，因為你還在練習成為夠格的領導人。

　　個人行銷過一天和辛苦努力增員過一天，看不出任何的差別。一個月看不到任何變化，三個月看不到很大的距離。

　　但是，一年後，會看到不同的職場氣氛；兩年後新業績的新人佔比開始放大。

　　三年後，發展團隊和不發展團隊距離已拉開；五年後，會看到人生道路不同、收益、人脈、社會地位都不一樣了！不要只在個人行銷上發展，否則人生的結果會造成日後的懊惱！

　　增員是智慧和經驗的累積，不可能短期速成，也不要害怕努力沒有回收，像埋下種籽，短時間看不到成果，但當時間一到，果實浮出地面，快速的成長看得見，讓你欣慰和喜悅，老天不會辜負有心人！

發展團隊像是經營連鎖店

現代的企業需要龐大，除了擴大市場佔有率，還要降低成本，增加效能，所以必須打團隊戰，抱團運營，連鎖店是相當理想的經營模式。

保險經營也一樣，一定發展團隊，要用經營連鎖店的概念去發揮。

什麼是連鎖店的經營概念呢？

使用共同品牌

在同一個品牌的加持下，好辨識，容易得到加盟者和客戶信任，減少對這團隊的說明和解釋。

建立理念與共識

不用再摸索這團隊為何而戰，減少夥伴的疑慮，增加向心力和正向能量。

建立長程發展計畫

大家有共同奮鬥的目標，大家也願意為目標同心協力，在清楚的成長歷程中，大家逐步達成。

建立願景及工作價值感

工作的價值在日常的提攜和乎相鼓勵及競爭下，大家與有榮焉，共同為榮耀奮鬥。

使用統一的工作手冊

不用摸索，不避耗費時間，工作手冊指點方向，強化效率，增加產能。

使用共同標準的訓練流程並相互支援

訓練最是耗精神和體力，但訓練不能不做，而且是持續的做。如果各團隊都自己做，那將是耗費非常大的能量，而且得不到好效果，透過標準的訓練機制和相互支持，會得事半功倍之效果。

降低成本

量化、標準化，各團隊的成本下降，效益提升，讓大家避開紅海，在藍海裡不擔心、放手經營。

得到客戶信任與支援

最重要的是，客戶信任和支援，市場是現實的，如果團隊不夠大，客戶會懷疑所托非人。保險是客戶終生的依賴，他會重複購買和將他身邊的親友作推薦，當然這是他信得過，他會樂以支持。

只有規模化才可得到相當的回饋，因此從事保險工作，一定要經營團隊，創造大量的連鎖店。

發展團隊要有宗教經營的慈心願力

發展團隊如果能像宗教般的經營那會有多好。

得到景仰尊重與信任

只要是正信的宗教，不論是何種教派，都會得到矚目和接受，跟著得到支持和跟隨，當然最重要的是領導人，他的魅力、信服力。他的談話、理論和行為準則，將是這個門派是否大型化的重要因素。

團隊的中心思想和對社會的貢獻清楚

每個教派都有他的思想體系和行為準則，我們來看台灣的幾個重要教團，有的是教育，有的是慈善，有的是醫療，這些特色造就群眾的吸引力。

擴大社會認同

當這團體得到信任和追隨時，信眾就會蜂擁而至，就像一個保險團隊，初期找人人不來，說有多好人不信，請他參加活動沒興趣，這要耗上相當長的一段時間才能看到成效，但在有成效後，人力就會快速成長，所以領導人要熬得住，要能有自信的影響重要幹部堅持前往。

固定且有效的例行活動

不能散漫，有紀律有內涵的教育培訓系統，不論是線下或線上，內容要豐富有效，並且有實用性，接地氣。

建立志業理念

團隊一定要有志業理念，只有金錢、利益，建立起來的功業經不起

考驗，不要老是宣揚高報酬、名車、消費，要能建立團隊的慈善文化，這才是最堅定的能量。

慈心願力

團隊如果是抱持慈悲心，以願力去培植新人、貢獻社會，這個團隊將會受到肯定，人員隨口碑而紛紛來到，甚至各地開設分支據點，大家在共同目標下努力前往。

愛地球，護眾生

對社會有貢獻的宗教團體，通常是正面宣揚理念，理念還會包含愛地球、愛眾生，因此重視環保、愛護各生靈動物，節儉養生，幫助弱勢族群，這也是一個能夠長期有效經營的團隊必有的共識。

一個具有理念和文化的團隊，必然受尊重和歡迎。

時代朝向靈性、理性走，光強調高收入、名車、出國旅遊，已經不是最吸引人的條件。

一個團隊在被接觸時，感受到他們的謙和、內鍊，這會讓有理想、有智慧的新人類所嚮往，有理念的團隊像磁鐵，會吸引志同道合的夥伴加入。

疫情期間，百業變化，宗教團體也變化！

有些宗教領導人保守，守著以往的傳道方式，還是用人與人的接觸與傳遞，所以停滯了、消沉了！

有些宗教生命力極強，運用高度的 E 化工具，線上、線下交叉運行，不論是教育、進修、募款和召募新教友，都進行得多采多姿和充滿生命力。

最重要的，有活力的宗教一定有豐沛的慈心願力。

發展團隊若像宗教般的內斂和信心滿滿，必能發展出卓越的成果！

發展團隊要像養魚

　　經營團隊要像養魚，養魚最方便的方法是養在魚缸裡。賞心悅目，怡情生能量，活動亮風水。

　　你要先去思考、去擘劃魚缸是要大或小。

　　你要有清楚的概念，要先行描繪你要的藍圖。

　　你更要思考，你要養什麼樣的魚、怎麼佈置和佈局。

　　你必須先用心去認識魚，看書查百度或古哥，或向高手請教。

　　你會去參加養魚俱樂部嗎？

　　孤芳自賞不過是一時的樂趣，要參加志同道合的團隊才能互相砥礪，相互比較，分享心得。

　　絕對不是一時心血來潮，養魚養高興地，你要東施效顰，讓你的魚兒漂亮、壯觀，充滿蓬勃的活力。

　　養魚還要有一些認知。

　　不同的魚才會漂亮、多采多姿，互相爭豔。

　　從養不同魚的過程中，找出習性。

　　找出最適合繁殖或美妙的方法。

　　也培養養殖者的耐性、鑒賞力。

　　給他們適當的飼料。

　　讓他們願意吃，喜歡吃，而不是強迫。

　　飼料要精選，要適性，不是貴就好，也不是灌食。

更不是喜歡了就日復一日，那也會膩的。

要打氣、氣是生命力的來源。

要換水、加水。

要鼓勵，要請觀眾來觀賞，要讓魚知道人們在讚賞，在喝采。

魚和人一樣，會有感覺，會通人性！

魚缸要在明亮、看得到的地方。

也要請有經驗、養魚很成功的名師來指導，傳授最新的潮流方法。

有病治療，狀況不對，找出病因。

對有病的魚，給於治療、安慰、藥品或食材。

病入膏肓，無藥可治，斷然處置，免得感染。

魚群擴充，魚缸擁擠時需要擴大魚缸。

發展團隊和養魚有很多的類似點。

如果掌握到養魚的要領，你會養得很高興，你在受到觀賞者的讚譽後，你可以將經驗傳授給他，你讓他也養得很高興，在他有心得時，大家互相交流，再提升彼此的成就。

養魚不是自己高興就好，是讓同好都好，大家生命都充滿光彩，在五光十色的世界裡創造亮麗境界。

這是不是和發展團隊很類似？

新人的來源五花八門，管道也不同呈現，也要給不同的培育方法！

最重要的，多關心、多鼓勵、多給予資源和動力。

魚養得好，茁壯成長後，自動繁殖！

團隊也如此，當成長到一段時間後，會自動增值擴充。

在原來的場地不敷使用時，便需要再分場地擴大。

養魚怡情，培養團隊增加事業的力道和生命力，多灌溉心血準沒錯！

經營團隊要兩翼並進

三個問題來思考一下。

1、發展團隊重要還是行銷重要？

2、經營團隊容易還是服務客戶容易？

3、先行銷還是先增員？

只行銷不增員，人會老、會累、會有難以估計的狀況發生。不保險！

只增員，不行銷，淪入空口講白話，一口好保險，有皮無骨，不切實際、不接地氣。

飛機有兩翼，鷹也有兩翼，船有兩槳，人有兩足，為的是均衡發展、平衡進展。

如何均衡發展、平衡進展？

行銷員當然要先從行銷開始，以成就的進展逐步增加增員的力道，否則沒有實務能力，光講理論，不接地氣，會被看扁的。

所以業務代表開始的時候要百分百作行銷，趕緊將基礎打深，累積經驗。

到了主任階段，實行 80 行銷，百分之 20 增員。

到了區經理階段要五五開。

到處經理更要到達八二開，甚至用助手協助組織拓展。

處經理以上的職位就是找人，找資源，找方法。

在還沒擔任主管前，增員到的新人員由主管協助，有利而無害。在

打造頂尖團隊六大修練

一旁學習主管如何培訓、輔導、管理。自己幫新人打氣，甚至陪同、共同開發。

發展團隊是你只要找到幾個有心人士，發展團隊即非難事。

依照系統方式經營，發展團隊不是難事。

賣客戶買保單是叫人付錢，教業務人員賣保險讓他賺錢，讓他付錢容易，還是教他賺錢容易？

你只要真心對待，熱誠的引導，眾人稱悅歡欣跟隨。

高瞻遠矚，雙翼並行，均衡發展，終身事業必有大成就！

哈佛大學一項調查報告說，人生平均只有 7 次決定人生走向的機會。

兩次機會間相隔約 7 年，大概 25 歲後開始出現，75 歲以後就不會有什麼機會了。

這 50 年裡的 7 次機會，第一次不易抓到，因為太年輕；最後一次也不用抓，因為太老。

所以實際只有 5 次機會，裡面又有兩次不小心錯過，所以嚴格講只有 3 次機會。機會和時間都是匆匆而過，要趁體力、智力都在精華期好好把握，時間寶貴，趁可以拼鬥時，雙翼齊飛，方可大展鴻圖。

初期經營保險，通常只圖銷售保單較快看到績效，不肯用心在發展團隊。

當一段時間後，有心人已經枝繁葉茂，你還是人員孤寂，此時後悔即遲了！

89

發展團隊要有八正道

什麼是八正道？

八正道是由佛陀所說，有八個正確的做法方能成佛。

同理可證，具八正道能成為保險界之大腕。

說大師太浮誇，說大腕較可達成。

八正道是慈悲喜捨的大愛表現，從事保險工作要明確的瞭解，我們的所作所為都是大愛工程。

應用這八個正確的方法讓我們不偏頗，快速達到我們要的生命事業。

一、正見是正確的態度。

你的態度正確嗎？你做的事情合乎保險的意義與使命嗎？你是夥伴的表率嗎？你的言行正確否？

二、正思維是正確的知識。

你有接受正規和嚴謹的訓練嗎？你有時時研讀新的法令和新知嗎？除了行業的知識外，你還有去接受各行各業的知識嗎？

三、正語是正確的技術。

你的行銷技巧跟得上同業的水準嗎？你的行銷話術、增員話術合乎時代要求嗎？

四、正業在正確的目標

人生的目標如何？五年計劃如何訂定？一年的計畫如何執行？你的目標夠滿意嗎？做得到嗎？有誰可以支援你協助你？

五、正命是正確的習慣

你是夥伴的表率嗎？你的習慣好嗎？你可要求夥伴正常拜訪、出件、增員嗎？敢要求 3w 嗎？

六、正精進為正確的成長

你的團隊有循序漸進成長的驅動力嗎？一個團隊若是正常運作，他的成長就會自動化，成長也要設目標，目標包括晉升、獎勵、擴大。

七、正念是正確的檢討

檢討不是批判，是透過大家集思廣益，把個人的死角找出來，把忽略的部分補足，檢討是定期、定月、定季、半年和一年及各個活動後的檢討，要即時、明確、有效。

八、正定為正確的修養

修養是保險從業人員的必須，有修養，受尊重、可接受、能推薦，這是軟實力，但軟實力是最大的基礎、能量和團隊成長最大的信仰。具足此八項，才可成為真正適任新時代的保險領導人。

正見、正思維、正語、正業、正命、正精進、正念、正定，八正道。對應八項成為頂尖團隊的要素。

態度、知識、技術、目標、習慣、成長、檢討、修養。

沒有人要自己的一生顛沛流離、一直換工作。

人可以重新開始，但不可以一直重新開始。

避免後悔和懊惱，建議把八正道牢記，把這八要素謹記！

發展團隊必然依循的法則

發展團隊幾個法則要注意

一、要有目標和時間表

沒有目標的人要為有目標的人工作，目標是方法、信心、行動、執行力的綜合呈現。競賽、活動、成長、業績，都要訂出時間表，時間表是前進的依循。

二、要知道失敗與流失是必然

不怕失敗，怕沒得到經驗。不怕重新開始，就怕一直在開始，人員流失是必然，有他的必然和資料，提高良率和降低流失率，找出方法和可行的步驟。

三、要有善的循環

讓夥伴知道保險是在做善事，做善事，種善因，必有善報。從事保險工作，不是謀求暴利，是要能慷慨給於，因為你能分享，所以你也會被分享，如此，就會形成「善」的無限循環。

四、成功吸引成功

成功令人尊重，失敗者的言論沒有參考的價值，成是成就他人、成人之美，幫助別人成長。功是功德圓滿，人生的功課完美，讓別人效法和尊敬。

五、要建構屬於自己的發展系統

你要有一套與眾不同，獨特且有效的經營模式。

打造頂尖團隊六大修練

六、正派經營，是團隊發展的要項

領導人要堅持正派經營、正常運作、正確思考、正當言論、正式形象。形象代表職業表徵，職業的觀感。

七、讓你的夥伴認為他在經營了不起非同小可的奇蹟

這是行銷員最重要的生命信仰，也是助人利己快速成功的事業。

保險是最偉大的功德事業，要有宗教般的狂熱。

八、要有定位策略

定位是避免無止盡的競爭，是市場區隔，是是藍海策略，在消費者心目中建立一個更有利的地位的策略。

九、銷售要 3W，一週 3 件、面談也要 3W，一週談 3 人

主管要以身作則，要做給大家看。這也是誠信的表示。誠信不僅僅是守法，更是一種表徵。有幾點要注意：

十、十個領導人心法

1、領導人要帶領大家迎向變革。

2、要有顧客導向精神，這是偉大企業的特徵。

3、利用大規模的優勢。

4、自信是最重要的領導才能。

5、找出好的接棒人。

6、重視培訓。

7、最優秀的前 20% 人才被別家公司挖走是領導人的失敗。

8、績效翻倍就是極大的競爭優勢。

9、借鑑全球最棒的創意。

10、堅持有效率的運作，堅定信心！

建立身心靈三者平衡的團隊

　　水瓶座時代，人們已經由物質走上心靈，社會上多的是少談論心靈、靈修和深度研習的教育與修持。

　　保險本來就是要啟發人們對家人的關懷、責任，也要他們對社會與員工帶動生命的理念與價值。因此我們必須建立一個身心靈平衡的團隊。

　　1. 提供健康、正派的團隊

　　2. 領導人的情緒穩定，不會無故發飆

　　3. 領導人用寬恕和慈悲心服務同仁

　　4. 領導人不是算計自己的利益，而是為了大家的發展

　　5. 團隊裡面少負面的聲音、計較和埋怨

　　6. 男女關係、錢財關係、信仰爭執不出現

　　7. 經常提供健康的講座和活動

　　8. 帶領同仁做慈悲分享的公益活動

　　9. 帶領同仁作健康的運動，如登山，球賽

　　10. 不要有不健康的活動，如抽煙、賭博、吃喝玩樂

　　11. 出國不強調 shopping、大量採購、奢華

　　12. 鼓勵長期儲蓄，為老年作準備

　　13. 經常呼籲愛地球，愛環境，愛下一代

　　14. 和客戶建立良好的友誼，不只是利益

　　15. 鼓勵同仁參加正派高格調的社團

另外，要有反省的功夫。海獺的生活習性是一天只活動四個小時，其他時間用呈現休息狀態，領導人會很忙，但不能忙得團團轉，要學海獺，每天有時間放空，讓自己深思反省，停止不是後退，是凝聚更大的力量。

　　與股神巴菲特合作 50 年的查理‧蒙格（Charles T. Munger）告訴學生的三大處世原則：

　　第一、不要賣你自己不會買的東西！

　　第二、不要替你看不起的人做事，你如果在工作上學不到東西，就要考慮超越他！

　　第三、每天起床時要想辦法比昨天變得更聰明一點，當你活得夠長時，你就成功了！

　　人生需要結交兩種人：一良師，二益友。

　　能吃得下兩樣東西：一吃苦，二吃虧。

　　自覺培養兩種**習慣：一看好書，二會公開講話**。

　　爭取兩個極致：一把潛能發揮到最大，二把生命延續到最長！

　　如此，你的身心靈平衡，你和你的團隊會經營得很有榮耀感。

什麼是吸引人的好團隊

　　你所經營的是一個可以讓人才進得來、保單賣得出去、大家都賺得到終身事業的團隊嗎？

　　幾個指標檢討一下、

　　1. 人力逐年成長

　　2. 執行各項有效的訓練

　　3. 單位平均的產值高

　　4. 單位平均的件數高

　　5. 讓同仁得到比別單位高的收入

　　6. 目標管理落實，績效和追蹤、檢討有效率

　　7. 團隊士氣高昂，團隊和諧，競爭意識強

　　8. 重視各項競賽，鼓舞同仁得勝

　　9. 重視同仁的活動率、舉績率

　　10. 重視晉升，鼓勵晉升

　　11. 經常辦理對同仁有激勵性的活動，如晉升茶會

　　12. 不斷研究商品的賣點話術和演練

　　13. 和時代能同步成長並轉型的領導人

　　14. 不斷有傑出者出現，激發眾人企圖心

　　15. 英雄的搖籃，培育將軍的軍校

　　16. 常常邀請同業高手來交流，刺激產能。

17. 也常邀請社會知名學者專家來交流，提升眼界，擴大格局。

18. 建立團隊的品牌。品牌是最好的吸力，品牌就是品質、品格和品味。品有三個口，傳播的口碑、滿意的口味、讓人願意付錢的口袋。

19. 十個推動夥伴成功觀念。

一、落實夥伴培育至上，以讓夥伴成長為最重要。

二、提供夥伴最多的成長因素。

三、提供溫馨有朝氣的職場。

四、協助夥伴創造增加客戶的動機。

五、建構讓夥伴信心，客戶安心，公司放心的團隊。

六、E化成功，走在時代的尖端，讓夥伴因高科技更能得心應手。

七、負起社會責任，把回饋當作是經常性的工作之一。

八、重視危機，在每一次的危機裡帶領夥伴找出方法，挑戰超越的生機。

九、領導人的信心是夥伴最強的信任所在。

十、強調終身學習、終身教育！

領導人要重視社會公益，帶著夥伴定期做社會愛心工程，除了落實保險的大愛精神，還要延續分享的理念。要讓夥伴生活在充滿回饋與感恩的天地。

奧黛麗赫本的優雅語錄——「**世界本來就是不公平的。但是世界只有一個，它正變得越來越小，人們之間的接觸也不得不越來越頻繁。我們生活在這樣的環境中，我們有義務、有責任去幫助那些一無所有的人。**」請大家把正向的優秀人士帶進優秀的團隊。

第三章

洞悉團隊經營的要領

二八定律和 262 法則

發展團隊要有二八定律和 262 法則。

這兩個數字告訴我們，任何事情都不可能百分之一百的成功，也不會有百分之一百的失敗。

二八定律是所謂百分之 20 的人創造百分之 80 的績效，不管如何排列，這比率大致如此。

一切都是比率、或然率，這也說是「定數」

一百個人裡面，業績做得好的 20 個人，20 個人佔了 80% 的績效，但 20 人裡面的 20%，4 個人是菁英，是長年的績優者，是排行榜裡的常客。

銷售和增員新人都是二八定律

如果你不是亂槍打鳥，你見了 100 個客戶，可以成交大概是 20 人，裡面的 4 人會買下較高額的保單。這個統計，提示我們，有足夠的名單和勤加拜訪，就一定會有收穫，

同樣道理，增員 100 人，大概會有 20 人進來，裡面 4 人成為明日之星。

所以需要大量增員、積極輔導、強化訓練，激勵自覺。

對優秀者多激勵、多引導、多用心，不是偏心，沒有公平這回事，因為用在他們身上的時間，投資報酬率較高。

就像對大客戶多服務，因為回饋會較多。話雖如此，很多主管還是

把大部分的時間用在後段班的群組中，因為後段班較易處理。

什麼是 262 法則？

沒有天生的強者，也沒有天生的弱者，在 262 的數字中，將比率、或然率做移轉、傾斜，這也說是改變「定數」！

什麼是 262，一百人當中，20 人是勝利人生組，60 人是平庸者，20 人是人生失敗組。但是天底下沒有一成不變的道理，風水輪流轉，今天的強者，可能一時的失誤被打入失敗組。

今天的失敗組，可能突然的醒悟，或者機緣來到，一轉身，一帆風順，進入勝利的一方。

262 裡的優秀 20%，讓他們高居不下，也讓 60% 傾斜到前 20% 裡，傾斜越多，單位越是強大。也不要忽略後段的 20%，只要不陣亡，就有可能翻身的一天。

還有一個數學演算法。

分工合作勝於英雄發揮，機率大於實力！

1 塊錢乘 1 塊錢還是 1 元。

但 1 塊錢換成 10 角，10 角乘於 10 角會變成 100 角，10 元。

如果一元換成 100 分。100 分乘於 100 分會變成 10000 分，等於 100 元。

一塊錢還是一塊錢，但因為化整數為零散，零散的擴增效應會放大。

台柱和明星有時不可靠，分工合作勝於英雄發揮，輪流做莊是常態，機率大於實力，領導人要善用這些定律。

以義相聚，義氣長厮守

因利結合，將因利害而分手，以義而相聚，會因義氣長相厮守

要把增員工作做好，一味以利益引導是無法做得好的。因利結合，將因利害而分手，以義而相聚，會因義氣長相厮守。

要做好增員，可以從幾個精神層面來看。

1、弘法利生

做保險是弘法，弘的是造福人群的世間大法。心存善念，悲憫眾生，盡心盡力，以無畏辯為眾生說法，能令一切有情皆起歡喜。

2、慈悲喜捨

關心別人、喜人成功，勇於付出、勤為佈施。世上若有一人受苦，則無人可置身事外。

有捨才有得，井因水湧而活絡，人因行善而留名，增員是將自己的理念宣揚於有識之人，大家一齊行善佈施之事。

3、心甘情願

積極自信、不計困難，以歡悅的心情從事困難的事。樂在工作、熱情洋溢，不計較眼前的利益，不以毀譽出路為工作的依歸。雖輔導新人常會碰到痛苦阻難，但作育英才是百年樹人之事，莫為短期成效未明而躊躇不前，也莫急於立竿見影而汲汲於短期收穫。

4、因緣果報

凡走過必留下痕跡，有播種就有機會。肯付出就必有回收，增員和

推銷都一樣，都是大數法則，是因緣聚會之事，大家相識即有緣，珍惜見面相處的當下，誠為邀約，勇為夥伴。只要持續保持增員的心志，只要不改初衷，總有一天會遇到萬中選一的奇才，一個幽暗的山谷因一盞燈火而光明，一個團隊會因一位奇才而爆發。

5、自由自在

心無罣礙，自由自在。以創意和想像去嘗試和作為，天寬地廣何愁無法可施，無路可走。保險事業最為可貴就是你有多大抱負就可做多少事，你有多少智慧就可創造多大空間。

身為一個新時代的保險工作者，不必墨守成規，增員的途徑千門百途，功效也可以自己掌握，這是快樂且有意義的事業。

6、願力念力

心中有願，念念不忘，悲願行善，化身千萬。

抱著尋求英才共同造物社會的目標。上天自然不負苦心人，念力遲早會實現。

因利益結合，會因利益分配不均或達不到大家的滿足，會造成紛爭和分裂！

若團隊的結合是因為理念和對社會的公義，大家有共識，有利於民眾的福祉，就是短期的利益不顯著，但是大家仍然以公義和大愛凝聚在一起！

幫助夥伴實現夢想可以讓你理想實現

要知道為何增員？增員的目的何在？

若是從事保險工作已有一段時間，轉換其他工作已經會不適應和不自在，收入也超出一般行業甚多，不管願不願意，你都該有終身經營的準備。

增員是讓保險生涯更穩定的一條必然之路，但「不經一番寒澈骨，焉得梅花撲鼻香」。你一定要在增員工作中下苦心，也必須趕快將基礎奠定好，凡事都有艱苦期和不適應期，這段期間一過，就有可能一帆風順。

增員一定要目標清楚，讓自己和夥伴都有精準的方向可依循。

目標要單純化、大數據化，不要迷迷糊糊，隨緣而行。

德國慕尼黑有座博物館曾經做一個試驗：將一平方公尺的光線集中在一點上，用再精密的測量工具去測量到底光有多強，但結果都無法測出這光線到底有多強。

這項測驗告訴我們，只要力量集中，你將產生無限的偉大力量。

增員是因為你的事業需要，事業是人所共同組成，你要有階段性人員成長的概念。

成功增員一人，需要和幾人面談。

一個成功的面談要有幾個名單，你要一年留存幾人，一路往上推演，絕沒有僥倖之事。

成功和失敗都是或然率

一般而言，新人的留存率大概是一半，成功增員一人需和三人面談過，一個面談又要有三個名單。想要成立處級單位至少要有五十人以上，

若想三年達到此標準，我們可以推算出：

合約書 50 張 = 成功增員 100 人 =300 面談者 =900 準增員名單 =3 年 = 一年 300 準增員名單 = 一個月 25 個準增員名單 =8 位面談者。

一個月只要和八個人面談

持之有恆，一個月只要和八個人面談，三年即可建立龐大部隊，若全體動員，包含引進之人都有增員共識，則成果將加倍。「人成則事成」，幫助夥伴實現夢想就可以讓自己實現理想。

只要有共識，大業可成

成立通訊處需有不同的人才和均衡性的業務發展，所以廣納不同行業的人士，再加上特定市場需由專業人士去突破可收事半功倍之效，因此目標的訂定就需要更用心。

幫助夥伴實現夢想可以讓你理想實現

你想要在保險界裡功成名就，創造自己滿意的事業體，最重要的原則是讓你的夥伴成功。你幫助夥伴知道如何打開市場，如何成交，如何在競賽裡得獎，你也幫他知道如何創造團隊，你促使他達到人生的夢想。

當夥伴實現夢想時，就是讓你理想實現時。

自己的成功不算成功，協助夥伴成功才是真成功。

一個團隊受到注目和尊敬，絕不是領導人自己很會行銷，而是他能夠帶領夥伴，人人創造高績效，個個有吸收好人才的共識！

你配不配擁有大團隊

想要的一切之所以還沒有得到，是因為不配擁有！

生活當中如果沒有得到我們想要的一切，都是因為我們還不配得到。

很多人會不斷說：我想要超級有錢。我想要帥氣多金的老公。我想要美貌，我想要好的人際關係。你配不配擁有嗎？

發展團隊是做人的事業

做人成功，團隊才可擴充。做人講究「三心」，同理心、有耐心、肯用心。

你站在夥伴的立場看事情，你才能瞭解他們的需要，明白他們為何產生不了績效和增員不到人。

你夠格增員嗎？

在找人之前，先問一下自己，你能讓別人相信跟著你會成功。

用 5 個條件來檢視自己

如果你都具備這些條件，當然會得到眾人的追隨。

1、**戰功**：戰功彪炳，常年戰績耀目。能打勝仗得獎牌的主管讓人覺得參與這個團隊就是榮耀，能跟著這位將領就是成功的表徵。不用多費唇舌，熱情的夥伴，有得勝習慣的環境，自然吸引有心人的參與。

2、**戰力**：戰力就是陣容、實力。擺出來的陣仗要教人動容，顯示出來的儀態要讓人知道，這是支訓練有素，有紀律，有韌性的部隊。也是讓

打造頂尖團隊六大修練

新人充滿熱力和希望的團隊

3、**戰德**：好的主管除了擅長作戰外，魅力更重要。魅力包括內涵、道德標準、行為舉止。好的主管要上馬能戰、橫槊賦詩；下馬能寫能說，而且言之有物，重承諾、操守夠，是同仁學習的標竿。

4、**戰氣**：氣勢磅礴，氣力萬鈞。氣是精神，是帶動組織的重要功能。主管就是隨時要讓同仁感到氣力充沛、豪氣十足，再大的問題都不是困難，再大的挑戰都有辦法克服。有這樣的主管領導，同仁攻無不克、戰無不勝，必然士氣沸騰，威武壯盛。

5、**戰略**：戰略是主管的作戰引導方針，戰術則是士兵們依循的作戰原則。主管要懂得帶人，也要懂得如何調整生息、整補教育。如擺出最佳陣容，推出什麼樣的商品策略、話術。如何定目標、掌握市場通路，每天的進度怎樣推動。比賽時有全盤計畫，同仁不會慌，有整套的管理、訓練、輔導方法，大家齊心跟隨，因為這比自己摸索有效。主管有心，同仁安心；主管有力，同仁齊力。

西洋諺語：「獅帶羊，羊亦獅。羊帶獅，獅亦羊。」有能力的主管吸引有能力的夥伴，增員前，先問自己夠不夠格。

107

領導是讓平凡人變為不平凡

團隊是否成功完全看領導人

領導人站穩了，就是精品一件；

領導人倒下了，就是垃圾一堆；

領導人放棄了，就是笑話一段；

領導人成功了，就是神話一曲；

領導人挺住了，就是人生最美！

生命中有很多事情足以把我們打倒，但真正打倒我們的並不是別人，而是自己的心態。

打敗內心恐懼，創造成功機率，是我們該有的生命態度。

不是個人厲害，是環境因素

一位美國老伯隨著旅行團到中國玩，回去逢人便說：「中國小孩太聰明了！」

別人問他何故，他說：「中國小孩子那麼小就會講北京話，把那麼複雜的話講得很溜，真是不得了！」

有些人看到單位人氣旺盛、增員極為成功的主管，便會以羨慕崇拜的口吻說：「他們好厲害，真是不可思議。」

其實不要妄自菲薄，你的致勝機會和任何人都一樣的。理由何在？

行銷做得好的人，增員也不會差

賣保單，教人付錢，利益在未來，家人的責任是重點。

談增員，教人賺錢，利益在眼前，事業和前途是重點。

不過進入保險界，主管通常先讓新人學習行銷技巧，讓新人以定著為要，所以這段期間新人增員的觀念不強；可是新人卻因看到主管輔導不易，失敗率高，所以心生畏懼，對於增員敬而遠之，這種心態甚至陪著他一路長大。事實上，這些見解是錯誤的。

增員成功率應高於行銷成功率

以經驗值來看，增員成功率應高於行銷成功率，但是行銷是個人事件，別人看不到，而且對於銷售成功大多會加以渲染，所以一般人較看不到失敗的一面。

但增員不同，他人很容易看到失敗過程，當事人在到達成功前的種種挫折和困難也顯而易見。

行銷的收益是逐年逐件遞增的，如果一停頓，利益就無法再增加。

但增員就不同了，一經穩定或擁有幾個有力人士，則收益長年不斷，而且對於所增員到的人，只要留下來就一定有貢獻，萬一走了仍然有遺愛，不是續期收益就是留下的人力或者是客戶資源。

若用這些觀念推演，增員確實不難，但必需要能全體有共識，大家平時多打氣，互相關心，對於資淺者多陪同，多給予訓練及要求。

如此，增員的工作自然可以順手的發展。

領導人最重要的工作是把一個原本平凡的人變得不平凡。

平凡是見識一般，作為無奇！

不凡是勇於任事，抓住自己的長處，發揮對團隊最有效率的作為，領導人就是要有本事創造高績效團隊！

團隊不大是因領導人沒有破斧沉舟決心

要有破釜沉舟、背水一戰的決心

1984 年，美國洛杉磯第 23 屆奧運會，面臨沒有經費夭折的厄運。

危急之際，企業家尤伯羅斯出馬了，他接下了主辦的重責，他另闢蹊蹺，運籌帷幄，一舉成功。

他如何作到的。

1、他賣掉公司全力投入，下了破釜沉舟、背水一戰的決心。

2、他明確宣示，這一屆奧運會完全商業掛帥，不花政府一毛錢。

3、組織工作團隊，把最優秀的人徵集到他身邊。

4、商業做法。如高價出售電視轉播權利、限額高價贊助、收取聖火傳遞費、贊助人最佳座位、出售紀念幣紀念品等等方法。最後不但不再虧損，反而盈餘兩億美元。

一定有成功的因素

行銷人員的留存率，不可能是百分之百，但是一定有成功的因素。

最重要的因素是領導人，團隊的成敗關鍵在領導人，就像一個國家，國運興衰關鍵在領導人，文化、風氣，也全在領導人的一念之間。

成功很簡單，要不要全力以赴

一位主管他的團隊發展的很好，但是他說，他講事業推薦會，最少講了 1000 場以上了，他每個禮拜開一場 OPP，從開始沒幾個夥伴，能配合的就兩三人，但他堅持不停，十多年了，雖然失敗無數。但增員進來

的人數可觀。

他開口閉口都在和團隊發展有關，做客戶服務時，問客戶有無小孩要來接受保險磨練。球敘時，問球友有無合適有人可來做保險。同學會、社團聯誼，也請大家介紹。

全心全力，才有資格談成功

全壘打王貝比魯斯，他不但是全壘打王，相對的，他也是被三振王。

因為他想要打出全壘打，所以他必須不能害怕失敗，不害怕被三振。

一個害怕被三振的人，他永遠不可能打出全壘打，因為他不會全力揮棒。要在保險界終身經營，一定要抱著破釜沉舟的決心，辛苦三五年，順暢七八年，幸福好幾十年。沒有運氣和偶然這回事。

領導人要全心全力，做給夥伴看、講給夥伴聽、以身作則

早會要比同仁早到，學習比同仁勤快，人脈要一直擴充，業績也可以做出來，最重要的，不停頓的找名單、面談、訓練，讓同仁有績效、可以晉升，以要求夥伴超越領導為目標。

把經營營業單位視同經營一家企業、工廠，投資在必要的成長面上，如自辦獎勵、獎金、餐敘、旅遊、學習，不要太小氣，別與夥伴爭利，要做大格局的老闆。

經營保險事業，基本上沒有財務風險，只是賣不出保單、賺不到錢。

反觀投資企業，資金運用、人才聘用、設備運轉、貨品若不受接受，賣不出去，很快就會有財務壓力。保險事業，免投入資金，沒有行政人力、設備的運作困擾，也沒有大小月份，貨品的製作、儲存的困擾！

自己運作順暢，把合適的人才引進，把經驗傳承，明確引導、合力發揮，很快就會有看得到的成果。

下定決心，破釜沉舟，不用太久，你會看到一片天的！

團隊的興衰決定在主管個性

　　從領導人的個性，可以看出一個團隊的大和小，興盛或衰敗。

　　我認識的兩位朋友，兩個人同時進入一家新成立的保險公司，兩人都以發展團隊為主要工作。

　　一在南，一在北。時隔兩年後，兩個人的績效相差天壤之別。

　　兩個人都勤奮努力，市場也一樣，公司的資源也沒兩樣，但兩人成效有別，其原因何在？

　　甲君個性強悍，日日夜夜工作，忘了假日沒有挫折，做事大刀闊斧，鬥志旺盛，帶著團隊用經營委員會分配工作，輪流做主委，每 3 個月換一個班底，互相比較，互相比賽。

　　對增員給予獎勵，敢砸成本，獎勵不寒酸，每次 OPP 後，帶著工作團隊到餐廳檢討，在慰勞和激勵下，大家又宣誓在下一次的 OPP 再帶人進來。

　　大家信心十足，雖然他成本高，可是效果卓著。

　　另外乙君，雖然也勤勉努力，但因個性優柔寡斷，太重細節，做事追根究底。

　　而且自己一手抓，不敢授權，並且喜歡抓問題，辦活動時，大家你看我我看你，因此無法迅速成長。

　　這就是我們看到，在籃球比賽的時候，有些隊伍大家奮勇作戰，互相支持，一再找機會投籃，搞得對方望風披靡。

有些隊伍，雖有能力，但勇氣不足，拿到球，不敢出手或你傳給我我傳給你，因此績效不彰。

　　不懂帶團隊自己作到死，發展團隊就是發展每個成員的能力，領導自以為是，到後來什麼都不是。

　　領導人是模範、示範、典範，業務人員是看你在做什麼，而不是聽你教什麼。

　　領導人是人格受肯定的人，對目標堅定者，也是冒險家。他還是行銷高手、創意總監，更是激勵高手，並且是學者、企業家，他並且是人脈樞紐，人力資源充沛，客戶不可或缺的人脈來源。

　　領導人的任務，是統合團隊，帶領大家達成共識、目標。

　　領導人要找出達成目標的方法，不停給夥伴激勵和認可。

　　領導人不是自己成為 MDRT，是要找出和調教出一百個、一千個MDRT。

　　我們要找的人，要有必要的學歷。但學歷不代表一切，代表可能的能力。

　　我們要找的人，要有必要的資歷。過往的就業紀錄、成就、風評。

　　我們要找的人，他有必要參加的社團。他的人脈、群體關係，是他加入我們的團隊後的成敗原因。

　　我們要找的人，他有必要的性格。他對行銷的喜愛、他可以的投入，他對成功的渴望高嗎？

　　我們要找的人，他有必要的家庭。家庭支持、配偶支持，甚至親族同僑的支持。

找比自己能力強的夥伴是領導人的責任

能夠從事保險銷售工作的人，一定有些特殊的人格特質，才能將銷售工作演繹成功。

傑出者的特質必然與眾不同並特別鮮明。

如果我們從具有成功特質的人中，尋求自己的千里馬，這類人士做保險成功的可能性會大為提高。

先以個性面來看，感性的人是滿好的增員人選，因為這種人投入可以拯救人群的事業，他會滿懷愛心的去奔跑呼籲。

生性浪漫不羈的人也是好的目標，他不甘朝九晚五，滿腦子自我發揮和創造的想法，保險工作正好滿足他的需要。

喜歡冒險的人也可以吸收，他們不怕挑戰、不怕困難，不喜歡失敗，讓他明瞭保險的特性，激起他的戰鬥力，他會很有興趣的。

再者是有表現欲的人。或許這種人的方向有些偏差，但因為他喜歡熱鬧，喜歡在人多的場合受到眾人的矚目。從事保險工作活動多，能夠表現的機會頻繁，正是他發揮專長的所在，更能滿足他的表現欲。

從事保險工作可以致富，從經濟因素這方面來分析，想一夕致富，白手起家的人是增員的好對象。只要你舉些成功例子讓他心生嚮往，用超乎一般上班族收入的統計資料吸引他，就能引起他的興趣。

還可以找到滿坑滿谷，自認懷才不遇的人。這些人或許在找機會、或許不知如何突破現狀，用一點誘因，加上一些推力，他們會考慮嘗試

保險行銷的工作。

收入不足的人多的不可勝數，與其讓他們自怨自艾、何不鼓勵他們走出新旅程，保險業正是開創生命另一個旅程的好起點。

企業化的經營是未來趨勢，以不同背景的人來看：有中年危機的人可以考慮網羅。這些人士的特性是資訊能力輸給新一代，衝力也稍嫌不足，但是人脈豐沛，且人生經歷已厚實，加上兒女留學或創業的資金需求，使他們會審慎地尋找第二春或兼職獲利的機會。

家庭主婦是增員的好對象，目前有許多家庭主婦的成功典範。家庭主婦從事保險行銷後，再也不用蟄伏廚房，也不會和社會脫節，更重要的是，經濟來源不再需要仰賴先生的收入。對於子女已經大了，本身急於尋找新的人際關係和定位的中年婦女，保險行銷是她心甘情願的選擇。

另外厭倦了正常上下班的人、受公司派系傾軋的失意者、準備退休的主管，都是相當好的人選。

年輕人，不喜歡受時間束縛，有創意，AI 能力強，是我們的好對象。

高學歷、海歸派、創業有成的人士，也可能來創造一番驚天動地的偉業，保險發展潛力還很大，以收益而言，年薪千萬，團隊千人大有人在，企業化的經營是未來趨勢，更大的景象我們會看得到。

隨著 E 化，保險榮景將是千年一遇的大機會，我們趕緊把能力比我們更強的人給找進來！大家一起來奮鬥吧！

跟著時代成長是團隊成長首要的功課

大環境在激烈改變。想想幾年前的世界，才剛剛有智慧型手機，現在人人離不開智慧型手機。

也不過幾年前而已，才開始互聯網、支互寶、Line pay、街口支付，現在很多民眾不使用鈔票了。

2020 被定位為 5G 元年，當 5G 被啟用後，無人車、無人機，AI 多麼涉入我們的生活圈，想想 10 年後的世界會是什麼樣的世界呢？你如何應對？

50 年代的人們依照國家的指示做事。

60 年代的人們把地方政府作關係做好。

70 年代的人們是朋友圈橫行和互相支應。

80 年的人們走平台，世界是平的，跨國業務就像在身邊。

90 年代的人們是管道的年代，各種生態系統，眾籌如雨後春筍目不暇及。

00 年代的人們是聚合時代，能夠整合人脈者將是最受歡迎的人。

現在是網路時代，網購、交易、聯誼、學習、投資、理財，一切都在網上可以解決。

百倍速時代，能改變可以創造歷史，不改變成為歷史。

當年 NOKIA 的前 CEO 約瑪‧奧利拉在記者招待會上公佈同意微軟收購時，最後說了一句話：「我們並沒有做錯什麼，但不知為什麼，我們

輸了。」說完連同他在內的幾十名 NOKIA 高管不禁落淚。

大家以為 NOKIA 毀了，但誰都沒有想到，他們把手機部門切割出去後，專心在 5G 上努力，也不過幾年，現在全球的 5G 技術就屬 NOKIA 可以和華為爭霸。

因為疫情，因為數位化，年輕人的想法在改變，遊戲規則變了。

沉醉在過去光榮，墨守成規，一套老把戲走江湖已不通了。

求新，求變，求快，這才是致勝之道。

好幾百年的時間，人們一直堅信，人類不可能在四分鐘的時間內跑完一英哩。但當人們認為不可能在四分鐘內跑完一英哩時，1954 年 5 月 6 日，英國醫學院學生羅傑班尼斯特率先以 3 分 59 秒 4 突破了這一障礙。

他的記錄持續了 46 天之後，四分鐘極限居然一次又一次被其他運動員打破。

現在，世界上能夠在四分鐘內跑完一英哩的運動員超過幾百名，他們中甚至還包括許多高中生。

當羅傑班尼斯特成功突破「四分鐘魔咒」之後，其他運動員就看見了自己的可能性，他讓每個人都明白了，他能夠做到的四分鐘內跑完一英哩，其他人也有可能做到。

所以現在的團隊領導人，要去研究如何用大數據增員，用 AI 作培訓和支持業務成交，懂得配合時代而改變的領導人，將是未來更大團隊的掌握者。

時速 4000 公里的高鐵將出現了，由天津到北京，只要 15 分鐘，由北京到上海只要 20 分鐘，未來如果兩岸順利攜手，由上海到臺北也是 20 分鐘左右，時間翻轉，空間無礙。我們的大腦受得了嗎？我們的行動跟得上嗎？

學習鬼谷子的講話藝術

古時名師鬼谷子，他培育學生龐涓、孫臏，雖千年仍讓人念念不忘，他的兵書更是傳世。

兵書裡的「權謀篇」有九個對談注意要項，甚有參考價值。

①與智者言依于博

對一個有智慧，高學歷的人交談，要能廣征博引，切忌單調膚淺，免得他看不起你，尤其現在增員，常會有海歸或碩博士，你也要有相當實力。

②與博者言依於辨

和一個知識淵博的人談話，以分析事理的方式讓他接受，讓他感受到你很會吸收各類知識，讀了很多書。

③與辨者言依於要

和善於分析事理的人談話需精簡扼要，不要鑽牛角尖。你要多聽他在講什麼，你是相當自以為是的，你和他抬槓是沒意義的。

④與貴者言依於勢

和地位高的人談話要因勢利導，讓他有所警覺和準備。你的見解他可能當面不說什麼，但內心是相當的敬重，有問題時，還是會找你。

⑤與富者言低於高

和有錢的人談話，要讓他覺得自己很是雍容華貴，很有社會地位。

或許他是暴發戶，或因緣聚會賺了很多財富，但你若是流露出一絲不以為然，他將引以為意。

⑥與貧者言低於利

對沒有錢的人談話時，讓他明白已後無退路，他的利益該如何創造，或者再有不佳狀況時的利害得失。

⑦與賤者言低於謙

和地位較低下的人談話時，身段要柔軟，不可傲氣淩人，別讓人感到你的銅臭氣，沒有辦法尊重。

⑧與勇者言依於敢

和率直的人談話要直接了當，不要迂回轉圈子，想談什麼就什麼，免得對方不舒服。

⑨與愚者言依於銳

對平實誠樸的人談話要言辭敏銳，刺激他的心志，讓他有共鳴，激發出奮鬥的力量。

不論是銷售保單或是徵募新人，會講話、講對話，對什麼樣的人講什麼樣的話，這都是很重要的。

多聽音頻、多看視頻，多參加傑出人士的研討會，參加商業社團，多看書和雜誌，保險界的跨公司研習大會多參加，多觀察別人是如何經營、如何徵募、如何輔導、管理、激勵！

當輸入夠多時，內化為內心的基本元素，當有需要的時候，自然表達無礙、運作自如！

119

用創意去發展行銷

　　當我在業務第一線時，因不喜與其他業務員正面競爭，我採取了一些現在仍被視為經典之作的戰術。

　　一、**我開發同一行業的保險業務**。我先蒐集了大台北地區挖土機業者的名單，憑著口耳相傳與相互看齊的觀念，在短短的幾個月中，成交了好幾百件的團體保單，保費高達數百萬。記得正在大力締交時，一天可成交數十件，從一早忙到半夜，已不是談生意，倒像是收費員，用勢如破竹一點也不為過。

　　二、**我用新的科技用品開發旅行社**。當時傳真機剛進入台灣，一部十餘萬，我望著這突破時代性的機器，苦思商機何在。想到當時會使用傳真機者，不是外貿業者，就是旅行業者。靈機一動，何不切入旅行社這龐大的市場？記得這觀念的突破，經公司核准後，我簽下台北市的數百家旅行社，每月保費有時高達百萬。目前旅行險可以在網路上購買，傳真報備，我可是啟動此機制的台灣第一人。

　　三、**我以反其道的觀念賣保險**。我除了大量使用意外險打市場外，更用高額意外險作訴求。當時一張保單保額百萬，保費一兩千元是正常運作，我卻是開口就五百萬、一千萬，甚至兩千萬，客戶覺得新鮮、好奇、有意思，紛紛投保並介紹友鄰加入。

　　四、**我善用人脈連結**。客戶為什麼願意介紹，首先是你值得推薦、你的專業能力，還有你的整合力。連結客戶的需要、創造客戶的商機，

你是客戶群組中的樞紐，你讓客戶的價值提升，你是客戶心目中的一個重要的天行者，你不是在銷售保險而已，你讓客戶以你為榮。

五、**我作觀念的領航者**。癌症保險甫一推出，我即看出他的市場潛力，我買了台灣編號一號的防癌險，我帶領同仁作地區劃分、陌生開發，在以身作則的示範下，帶動了防癌險的購買氣氛。我盡力說明防癌險的重要性，癌症險的功德力量，還有藉此保單打通市場的重要性。終於多位同仁願意和我配合演出，也因此打開了另一片天，奠定了他們長遠的保險路。

六、**我用獎盃襯顯客戶看對人**。我的團隊屢創佳績，我要夥伴把成功告知客戶，邀請重要客戶參加慶功會，除了代表感恩之意，還買小禮物送客戶，讓他感覺與有榮焉。

七、**我用出書代表專業**。將自己的心得和專業或經驗寫出來，出版品在全省的書店和網路上擺出，贈送給支持你的客戶，他會對你刮目相看，不管怎麼說，有勇氣出書的保險從業人員畢竟不多，你做了，你就代表是優秀的階層，生命的高度是不同一般人的。

生命有限，潛力無限，這世界在高度 E 化後，更是多管道奔放，一段時間便有驚人創舉，科技產品多元發揮，操控科技的大腦更是有無限的創意！

不要被框架所限，行銷的方法可以無限放射，不拘泥現有的思維，多想、多看、多嘗試、多交流，會有多收穫的！

我曾經帶著團隊蟬聯 11 年全省冠軍

統計學家說：一個人能成功，學識能力只佔百分之七，百分之九十三是態度。

態度是你的目標有無明確，方法是否可行，步驟是否確實，意志力可否堅持。

我記得在第一次因全力衝刺而得到競賽大獎時，雖然欣喜若狂，但不忘思考如何繼續蟬連。

我去觀察和研判眾對手可能的業績，我抓出一定還要致勝的數字，而且勝利必須是要遙遙領先對手，讓第二名以下的人絕對沒有致勝的機會。雖然定出來的數字，在別人眼中是瘋狂且不太可能做到的，但我卻認為：要作就作最好，我要挑戰能讓人興奮且偉大的成績。

在得到第一次的團隊成果後，你要讓夥伴知道，這是大家的努力才得來的榮耀，成功是團隊，光環是夥伴，絕對不能由領導人獨享掌聲。

獨享掌聲的領導人，最後將是眾親離，我重重獎賞夥伴，我帶著大家享受成功後的果實，也推薦夥伴去其他單位做分享，因為與有榮焉，大家士氣都高昂，當訂下目標後，就像訂了一個軍令狀，大家志在克敵制勝，大家都興奮莫名。

定下目標後，我先分配團隊裡每個人應有的目標額，我自己也承包了一部分的額度，因為我要用業績做表率。

我給自己所訂出來的目標，通常是一個難以達成的數字，一個不可

打造頂尖團隊六大修練

思議的數字，夥伴看到我的數字便不敢對他的數字囉嗦。

我對達成目標有充分的戰術指導。

1、目標高掛。

2、如競賽是四個月，第一個月要達成至少 35%，第二個月 25%，第三個
　　月 25%，甚至三個月就已經達成，第四個月是超越和確保戰果，目標
　　不能單單輕輕達成，要加額創造。

3、列名單，將可行性的準客戶名單和額度列出。

4、聯絡客戶，尋求支持。不要怕客戶反對，客戶最怕沒有志氣的業務員，
　　如果能在競賽中奪魁，客戶會喜歡錦上添花。

5、在早會裡面探討目標的進度，做得好的夥伴要恭喜，讓他上台報告如
　　何達成。

每周、每月的督促絕對不能鬆懈，業務單位就是要業績，領導人就
是要把夥伴的潛力給挖掘出來。

勝利就是一切的註腳，要為成功找方法，不為失敗找理由。作戰團
隊就是如此。

在全力以赴下，一次又一次的奪魁，我曾經創下連續 11 年的全省總
冠軍，甚至有好幾次的冠軍成績，是第二名加上第三名的數字都比不上
的傑作。這樣的表現沒有枉費我的行銷歷程，也在人生中烙下重要的痕
跡。

有心竟成語非假

　　當我擔任保險公司的業務副總時，剛好發生預期保費要調高，我召集了業務同仁，告訴他們這是千載難逢的機會，大家要努力衝刺，業務同仁問我要作多少，我想了一下，說道：就以四個月最少要賺到台幣一百萬吧！

　　這是個大挑戰，看起來是不可能的任務。

　　但是我也提出作戰方案，有心者參加「特攻隊」，每個禮拜一次檢討及充電，要繳保證金，遲到或不到要扣款，全勤則退款，達到目標就發獎金。

　　我將全省分三塊，台北及南部交由兩位副總帶，我自己帶中區業務員人數最少的區塊。四個月，風雨無阻，要求不斷，每週給大家最大的鼓勵及方向。

　　結果成績揭曉，全省全公司共 26 人破 100 萬的成績，人數最少的中區有 23 人達到。北區及南區不是素質及努力不夠，而是期望的力道不足，信心不夠，領導人不相信夥伴能做得到。

　　成功就是單純的相信、信任，並對任務有自信和信仰。領導人就是訂出目標，告知策略、指引方向和帶頭衝刺。

　　還有一件被媒體稱為「世界奇蹟」的案件。

　　2002 年我到馬六甲講學，某保險公司的業務團隊問我有何方法可以

突破僵局。

　　因為公司要求醫療險要大量推廣，但他們卻是意氣闌珊，我看了這醫療險的說明，我提出突破性的說法，我認為以他們的實力，可以從一個月兩百件醫療險提高到一個月兩千件。他們開始認為不可能，但我用二八觀念去提醒他們這是可能的。

　　我是如此引導的：

1、這團隊將近 100 人，100 人當中，必有 20 人是較資深的。

2、這 20 人是傑出的，平均每個人有 300 個客戶，總計已有 6000 位客戶，以再重複銷售而言，會有百分之 20 成交率，則已有 1200 件。

3、其他的 80 人，每人 100 個客戶，8000 客戶中，以百分之四的成交率估算，便有 320 件可成交。

4、1200+320=1520，新創造出來的 1520 為客戶，當中最少又有百分之二十加買一件或兩件，這數字已接近兩千件大關。

5、從 100 位夥伴中，推出 4 人當幹部，一位重作 DM，第二位研究衝刺話術，第三位設計獎勵，第四位總控制。

　　果然在大家的自我期許下，後來以 2020 件達到史無前例的大好佳績。

　　所謂增員靠風氣，業績靠志氣，從事業務工作就是要去實現自己當生命主人的美夢，未來要什麼，生命的燦爛與否端視自己的企圖心。事在人為，美夢會成真。

三生有幸作保險

這一生你可以從事保險工作，你要知道，這不是偶然，你一定是前世有修，作了很多的善事，這輩子才可以從事保險工作，為什麼呢？

有 12 個特點來佐證我們這一生的幸運。

1、因為你可以日行多善

每天講好話、用好心、用正向的話語提醒民眾，用關懷、責任的大愛去照顧家人和自己，沒有幾個行業是可以如此的。

2、你可以終身經營

保險工作不用退休，像傳教士、佈道師一樣，孜孜不倦、悔人不厭，你可以健康的、快樂的，到要和上帝約會那天才退休。

3、你可以發展天賦

你用你的聰明才智，不論是個人行銷或團隊經營，只要你對自己樂在工作，你可以將上天給你的天賦充分發揮。

4、你的市場最寬闊

儘管時代激烈變化，但只要我們願意，我們對任何的人、時、地，我們都可以提出迎合對方的需要。大小皆宜、貧富不拘，可以是理財、保障、投資、傳承的匯總。

5、你可以得到充足的人脈

若你夠專業，你的能力和服務得到認同，你會得到客戶支援、親友認同、團隊發展、社團連結、異業合作、網路相通。

6、你可以全人發揮

可以不停止突破、有最豐富的學習、沒有疫情的威脅、沒有市場的問題、沒有生意額度問題，還有令人羨慕的被動式收入。

7、你可以得到穩定的高收入

因為保險工作的特殊性，你可以在本身的長期發展、團隊運作、多樣化運營、多地區發揮、多管道突破、客戶重複購買，配合身價規劃。得到長期和穩定的收益，這和很多的行銷業大不同。

8、你可以擁有被動式收入

續期收入、服務津貼、團隊經營收益、團險、意外險固定收入。有很多人說保險沒有固定薪，老闆哪裡有固定薪，他的被動收入比固定薪高多了！

9、你可以受到社會各界尊重

保險保護家人、保護企業，讓客戶的資產得到維護，讓客戶的價值提升，你使社會穩定，讓眾多家庭得到幸福、美滿，這是最受尊敬的行業。

10、你可以發表生命心得

你可出書，將經驗和成就寫出來。

出音頻、視頻、演講、組讀書會，把你獨特的經營經驗留下歷史痕跡。

11、你可以分享成果、造福世人

獎學金、希望小學、圖書館、孤兒院、養老院、教堂、寺廟、救護車，你的成就和影響力，可以登高一呼，共同行善。

12、你可以創造輝煌燦爛的生命力

你把生命的意義作最好的發揮。你把自己的潛能好好展現。你把宇宙的秘密好好挖掘。你把串聯的創意好好提出。這些都是因為你從事保險工作，你創造了團隊、地位，恭喜你！

第四章

拓展團隊成員的方法

種籽對了，樹林就有希望

人海茫茫，誰是我們要找的人才？

應該是幾種不同類型的人士吧！

一是胸懷大志，敢築夢，願承擔重責，能大開大合為自己的未來開展寬廣大道的人。

二是自認懷才不遇，未識明君，對現況不滿的人。但這類仁兄最好不是單位中的異數，桀驁不馴，人人避而遠之之士。

三為缺錢之人，收入不足養廉，需要更多的錢培養下一代，或是需要錢購屋置產，或是需要多一點的錢過自己喜歡的生活。

四是能匡濟世人、樂群愛人之善心人士。將助人服務當作志業，時時懷抱悲天憫人的情操，念念不忘先天下之憂而憂之英雄人物。

還有一些我們可以號召起義之人。

有理想有抱負的年青人。

有企圖心有眼光的生意人。

有社會經驗成熟的中年人。

有業務經驗但收人和感覺皆不穩定的推銷族群。

有愛心不甘蟄伏的家庭主婦。

有成功經驗想擴大格局的企業家。

有雄心壯志，願轉換跑道開拓人生新契機的人。

受到不平待遇，堅信可以東山再起之人。

面臨財務危機，盼望重振雄風之人。

還有很多很多你認為可以激發他的潛能，帶引他創造一番新局面的人。

幾個觀念大家參考

一、增員其實不難，得到好的人才才難。

二、好的人才總是在找好的機會。

三、在對的地方找對的人，如訓練會、社團、宗教。

四、讓對的人在對的地方生根，發展。

五、從你熟悉的地方找人，如客戶圈、朋友圈。

開始的路走對，旅途就可以順暢

方向不對，再怎麼努力走也枉然。

用心機，走旁門，就是有發展，也是一時的，不牢靠的。

建立規則、共識，當主要幹部和你有共識時，就有機會發揮。

找對的人，用對的方法。

發展正道、正派、正直的團隊。

種籽對了，樹林就有希望！

你要什麼樣的種籽？

你要如何挑出好的種籽？

你在什麼樣的時機，什麼樣的環境，把種籽帶進、埋下！

你如何使種籽發芽？

種籽發芽，如何順利成長？

種籽遇到種種挑戰、問題時，如何協助？

但不管如何，先有種籽，再有選擇，才有機會！

尋找被增員者的動力

有一個英文字 PESOS（披索），意思是說當你擁有了這五個開頭的英文字，你即擁有了財富。有有穩定和傲人的事業，並且對社會有絕對的貢獻，發展保險團隊是最佳的功課。這五個英文字你準備好了嗎？

P：Prepare 準備

Are you ready？你準備好了嗎？

對於增員，你的心態、技巧是否完備？

你是否已將增員當做一件重要的事，你已準備開始做了，從名單的擬定開始，要怎麼談都已了然在胸，你也明確的掌握了整個流程，包括人員進來後的上課考試與成長，你都已有一整套規劃和發展。

E：Explain 說明

完整的書面資料。沒有透過口頭的說明是無法啟發人心的，書面資料當然重要，因為這些可避免失誤並顯得面面俱到。加上有條理的敘述務實的分析，對方可以從敘述的過程當中去領略公司的文化和特質。

說明時不可誇大，因為只有相信才能引起興趣，才可得到信任。

S：Show 示範

新人進來了，首先要讓他安心。身為引導者，必須以示範性的表演來讓他眼見為憑，可以在公司內檢討分析，也可以在陪同的過程中實地運作，讓新人看到主管的實力，也讓他自己比較和學習。主管的演出如果很熟練，新人就更有信心，如果主管的表現是生澀不自然，則新人難

以口服心服。

O：Observe 觀察

注意新人如何學習、如何做，最重要的是注意新人的心性是否穩定，他有無執正道而行。新人入行之初猶豫大於信心，而初期的技術不純熟和對行政支援的不熟悉，造成他的徘徊及退縮，這段過渡期要讓他趕快過去，主管要積極輔導。

S：Supervise 輔導

絕不要忽略輔導的功能，不能放任新人自生自滅，所謂三歲定終身，小時候便悉心調教，遠勝於長大後調整，很多的步驟和作法應給予明確的指示和要求。

輔導是先給他指標，再要他按部就班，讓他走得更好，最後讓他成為一個人人稱讚的保險幹才。

還有幾個需注意的項目法則。

法則一、對面談者的需求、能力給予指引

法則二、對面談者的疑惑排除

法則三、成功典範的告知和敘述

法則四、從面談者角度去看他要的環境

法則五、對面談者瞭解越多，機會越大

法則六、激發對面談者的潛力，但不光只是激勵，要觀察對方反應。

法則七、讓面談者談他的需求，他的人生方向

人才是吸引來的，不是硬拉過來的

你是一個可以吸引人的領導者嗎？你培養多少成功者？你的形象好嗎？你的口碑讓人認同嗎？這是發展團隊必須常常要問自己的問題。

人才是吸引來的，不是硬拉過來的。

增員的對象依來源可分兩種。

第一類是可控制的來源

此類系屬熟識且背景可查之人，較有共識並具安全性，依類別可分：

1、本身緣故：由最緊密的家族關係延伸、兄弟姐妹、父母、叔姨甥侄舅伯娌、同學校友、好友、袍澤，再加上往來的有緣人，如鄰居、社團友人、理髮店、餐廳、服飾店、書店等常往來者。

2、同仁緣故：同仁的關係人，同樣由內到外，名單一開洋洋灑灑。

3、親友推介：親友的社交來往者。

4、異業介紹：不同行業別所互相供輸和介紹者，有時在該行業表現不佳，到保險業來卻令人刮目相看，有時不適應某種行業，要突破瓶頸或重換跑道者。

5、名錄：如畢業紀念冊、同鄉會、社團等會員組織。現在多了網路名單，利用大數據找出最合適的人選。

6、客戶推介：客戶的親友來往廠商等。

7、客戶本身：客戶因信任我們而買了保險，我們也因瞭解客戶的需要而

協助他加入保險業，雙方相知相惜，同心協力。

第二類是不可控制的來源

　　這類人士通常較為陌生，須用心評估，切不可碰到有人自投羅網就暗自欣喜，說不定是苦頭的開始！

1、直接上門：莫名其妙自行推薦而來，或許是有心人，但也可能是走投
　　無路或別有居心，不可不小心，以免賠了夫人又折兵，此例已有多起。

2、廣告：看了公司廣告或公司形象報導而來的，他可能受指引，但也可
　　能是臨時起意。公司或你的形象或活動要多傳遞而被注意。

3、活動吸引：因為公益活動或是被不同類型的公司活動所吸引而來者。

4、校園徵才：從應屆畢業生去廣求新血，有時保險系的畢業生不願進保
　　險公司，反倒是別系的同學自願而來。

5、隨機增員：隨時隨地只要見了認為合適之人即開口試探。

6、網路人才：AI 時代，從網路得到的人材必難以想像，這是**趨勢**，也是
　　主管要學習的功課。

7、創意徵員：多變的時代，不同傳統的思維和管道，多想、多看、多嘗試、
　　多聯繫，可以會有不凡的收穫。

　　要找到人不難，找到對的人才是難事。但先不論你找的人是對還是不對，持續不斷的動力去進行甄選和培育是最重要的職責。

發展團隊從三個人開始

三人行必有我師焉

三者曰眾,三人是團隊,三人就可發揮大效能。

三足鼎立,說明三人各有其重要性。

三腳架最安穩,最能承擔。劉關張成為三國佳話,歷史史詩。

一個團隊有 3 個人時就可以開始進行發展團隊的工作了

如果你能夠擁有最基本的三個幹部,從這三個人開始,你就可以發展出高優質的團隊,如事業說明會,一個人負責場地,一個人邀請講師和接待,一個人負責來賓。

不因團隊小而不辦活動,辦活動越辦越茁壯。不要找理由,說什麼人少無法增員。經常辦活動,默契增加,能力也增加,新人看到氣氛好,就有信心加入。

常辦活動品質會增加,主辦人的運籌帷幄能力增加,是主管育成最好機會

新人進來後,要給於引導和培訓,也要讓他參與團隊活動。

此時「經營委員會(簡稱經委會)」就成了重要且有系統經營的組織了。

經委會省時省力有效率,而且讓全員成長,新人最有感。

但要注意,在分工合作與讓夥伴擔任職務時,主管千萬不要居功,注意,讓出力的人發光,最亮的是領導人。

主管若老要居功，會功虧一簣，會眾叛親離

要名還是要獲益呢？不能名利兼得的。

掌聲給夥伴，夥伴會賣命。

有智慧的領導人，是躲在幕後。讓夥伴學習、承擔和趕緊成長。

每個夥伴都是有機體，人人時時在尋覓好手，夥伴透過經委會找出好手。

要讓每個夥伴都要知道這是一分事業，也靠夥伴的互相合作而成長自我超越、邁向頂尖。

建立 KPI 關鍵績效指標

每個人都是一個事業體，每個人都要知道自己的 KPI--Key Performance Indicators 關鍵績效指標。

不要怕開始，最怕常常開始，從一個人變成三個人很容易，三個人開始運作，變成大團隊不難。

每個人都是一個滾燙的火球，滾燙的火球可以燎原，可以創造大局面。

要為成功找方法，不要為失敗找太多藉口。

注意，從三個人便可開始你的大事業，不要怨天尤人，不要說什麼時機、環境不對，不要說自己能力不足，夥伴不良。

先找兩位可以倚重，委以重責的夥伴找出來吧！

三個人就可以打造出一片天！

有心就有力，無心機會不會降臨的！

新人就要讓他增員

新人要讓他增員

新人可讓他增員嗎？當然可以，而且是主管培養新人最好時機。為什麼？

因為新人可塑性高，沒心理陰影，此時讓新人養成習慣，讓他聽話照做，他最是容易達成要求。

新人新市場、新人脈，新人不怕失敗，新人配合度高，這是主管發展團隊的有利因素之一。

每個人都有固定的人脈和小圈圈

主管本身要抱持正面的態度。

要知道，從新人時期就啟發增員意願，是最好的事。

及早讓新人知道增員與推銷是一樣重要的事，讓他把兩者放在同一天秤上，讓他提早有團隊發展的意願與能力。

每個人都有固定的人脈和小圈圈，增員用緣故是最穩當的事。及早增員，可以免除周遭合適的人選被別的公司找去。

再說他具備了團隊班底後，當他晉升主管，他的單位較為健全，也較為穩定，經營壓力也會減低，對於長期經營有莫大的功效。

讓新人早早增員，省卻他輔導的時間和困難

讓新人提早找人進來還有一些好處。當他找了人進來後，這些人可以委由他的主管照顧，當他晉升後即可歸建，省卻他早期輔導的時間和

138

困難，這也是借力使力的好處。

　　及早增員也是下決心要在保險界拚鬥的方式。他的熟人都進來後，他就是想再離開也必然要付出相當大的代價。

　　此外，晉升主管必須有組員，這是先決條件。他能及早找人進來，即代表他決心要晉升，有心成為壽險界的幹部。

　　團隊的經營首重默契，新人再找人進來後，他以同儕好友的身分協助，大家的默契會形成，且共識堅定，往後的奮鬥目標清楚。

　　這些都是及早讓新人增員的好處。

讓新人提早增員有甚多優點

再把重點重複一次：

新人提早增員的優點是：

1、免除他的人脈跑到別家。

2、未來組員由主管代為輔導。

3、讓他下決心在保險界奮鬥。

4、讓他早日晉升。

5、他未來晉升時團隊已健全。

6、他和夥伴會有良好的默契。

7、他可以快速成功。

8、他儘早擁有斜槓收入。

9、他和夥伴可以儘快創造大團隊。

10、身為領導人，更加的篤定、安心！

一個對的人讓你一生受用

得到名將是偶然也是必然

所謂千軍易得一將難求,一將抵得千軍萬馬。

持續不斷的增員、訓練、培育,用心越多,找的人越多,在比例原則下,你一定可以得到好的將才。

在列準增員名單時,你可以依幾個方向來思考。

五個可以觀察的指標

1、和你的關係

親戚、朋友、家人、同學、鄰居、以前同事、生意來往者、師長或以前主管、和你的關係愈深刻,大家愈有休戚與共,命運一體的感覺,而且他已知道你的為人、成就、習性,所以只要他敢和你共事,大概就不太會失敗。

2、有無市場

每個人都有他的資源和關係,每個人也都要追求較高較好的收入或生活品質,當你也想快速增加業績時,借力使力是個好方法,他可能是一個公司或工廠的工作人員,也可能是一個學校的採購或人事主管,和他往來的廠商人員何止百家,如能藉他之力打入這些資源,效果可比逐個擴展來得大。

3、能否接受調教

找來的人最好是個性開朗、主動,但態度謙和好學。對於比他資深

的你，他需要盡力學習並勇於檢討，對市場也要敏銳的去學習力和判斷。

我們不能找來一個冥頑不化、固執己見又破壞你和他關係的人。最好事先和他約法三章，該做什麼事，學什麼東西，如果做不來怎麼辦？

4、他的品質是否優秀

有些保險公司不喜歡有經驗的人，因為怕影響該公司的文化和品質，增員也要有所取捨，不要找來的人以後變成我們的累贅、夢魘。不要他產生的業績變成日後的業障。

5、從網路去觀察對方是什麼一個人

現在網路發達，每個人都會有屬於自己的帳戶，這正是我們觀察此人是否可用、好用的一個指標。

他在臉書或微信上面用化名，不放照片，他有什麼樣的朋友群，他發表什麼言論，他有沒有持續固定的經營他的平台，這可以看出他的品質和個性。

6、雖然千軍易得，一將難求，但一將抵得千軍萬馬是定律

用二八觀念來看，談 100 人，大概就 20 人會進入，而當中就只有 4 人會成氣候，不過這也夠了，因為 4 個人裡面的 0.8 人會是團隊的菁英，把基盤放大，人才就輩出了。

發展團隊在保險旅途中是重要和必要的任務。沒有新血，便沒有新動力。不持續增員，團隊老化，人力只會凋零，動能會凍結！

把團隊發展視同最重要的事，領導人才算得上是真正的領導人，可以讓夥伴跟隨的領導人！

多問多看多瞭解才可找到對的人

要得到對的人要多瞭解多觀察，才盡量不出錯！

1、從肢體動作去觀察

在面談的過程中，他所展現出來的肢體語言如何？用字遣詞如何？

一個人坐無坐姿，或抖腿，這是男抖貧、女抖賤的現象，這類人不好用。

如果你覺得不太對勁，你又該如何？增員是百年事業，你必須用最嚴謹小心的態度去處理。

2、他的朋友群

有一句諺語，龍交龍鳳交鳳，此乃物以類聚之意。從一個行銷人員的個性和外表，我們大概可以知道他平常交往的朋友是哪些人，他所銷售的客戶又是哪一類型。如果他平實穩重，文質彬彬，那麼他的客戶大底也都如是。

若平常他好飲酒應酬，狂歌善辯，那麼他的客戶也會是如此。

若他善行險僥倖，專門以旁門左道誘導客戶投保，那麼他客戶的品質即可想而知。

3、對保險工作要有信仰

保險這條路，可以說是不歸路，也可以是天長地久終身經營的事業。因此要謹慎穩健，不要急於一時，重要的是在一開始從事時，要清楚自己的方向，明白自己在做什麼，定位會決定地位。

4、由好的種籽選擇起

好的客戶會鼓勵你會支援你，會介紹好的朋友給你，他們希望你是一個高品質高社會地位的成功人士，代表他沒看錯人。

從面談開始，聽他講的話有沒有抵觸，有沒有漏洞。從他的話語當中，瞭解他是什麼樣的出身，什麼樣的背景，他對保險真正的看法又是什麼，他對事業的認同清楚嗎？會全力以赴嗎？

塑造風格就是建立文化，文化代表價值感，代表是否可以得到優質的人，創造更厚實磅礴的企業！

5、他多久換一次工作？他是什麼原因離開原來的岡位？

如果一個人換工作的頻率太頻繁，那麼問題一定是在他身上，而不是對方。要技巧性地詢問，到底是什麼原因讓他離開原來的岡位。請神容易送神難，不要造成日後的痛苦。

6、他的家庭狀況和婚姻關係

一個女士到了四十歲未婚其實還蠻多的，男士 40 未婚就需深究了，到底是怎麼一回事，他的個性、傾向，不能不注意。

離婚了、單親，和家人的相處狀況，這要去瞭解，好好的思考要不要用他，會不會有後遺症。

7、引導對方多講

所謂言多必失，你講多了，底細被對方看穿，這不好。

你讓對方多講，從話中探出玄機，他是平實，還是誇大，他講的過去是確實還是虛浮。引導對方多講，你就可以得知此人是否是你要的人，若不妥不要勉強，若覺得有異常之處，深入了解或從各管道打聽，一個不對的人會造成原來的團隊崩潰，這種例子多不勝數，絕對要小心！

增員新人還是老手

當你明瞭發展團隊的意義和功能的時候，吸收夥伴，發展團隊就是必然的要務。

但這絕對不是輕鬆的事情，除了用心努力之外，堅持更是重要。

當新的夥伴加入後，一個不小心，一個一個夭折時，有人灰心不再增員，認為自己行銷比較容易，收入比較好。

但還是有人越挫越勇，找很多的方法去突破，去擴張。

是要找舊人還是找新人呢？

增員的對象很多，有些人喜歡找有保險經驗的人，也就是從同業當中去借將，甚至花上高額握手費，認為有經驗的人，不用花太多的時間訓練，很快的可以上線，陣亡率也沒有那麼大。

但是很多人喜歡去找新人，因為新人可塑性比較強，服從性高。

到底是要找舊人還是找新人呢？

新人失敗還是會感恩

我們來看幾個觀念，保險是師徒相授，講究倫理關係的一個行業，在長期的耳濡目染和師長諄諄教誨之下，一個新人如果成功，他會感激主管，視主管為再生父母。

反之，他不幸失敗了，他退出這個行業，大部分的人，怨恨的是自己個性不合，能力不足，比較少遷怒主管。

或許新人不容易教導成器，失敗率高，不過留存者因雕塑成功，會

複製自己的成功模式。他如法炮製，再製造更多成功的夥伴，帶來新氣像、新格局，而且他也比較會有成就感。

舊人成功往往自以為是

若是吸收有保險經驗的人，他已經在別的公司做過，先天留著別家公司的風格觀念，自己也一直在回朔成長的過程。

增員他的主管很難去改變他的觀念跟做法，也比較無法認同主管的銷售功夫。

所以他若是成功的話，他會認為這是他自己的本事，是他的努力，他會把成功認為是自己的努力和機會。但要是沒有辦法適應而產生挫折感，甚至夭折，他會直覺的責怪引進他的主管。

他會埋怨主管沒有將新天地的實際狀況據實以告，他會怪罪主管沒有用心指導，總之，大部分的錯都在他人身上，他的錯是自己選擇錯誤。

找新人或引進舊人完全在自己心志

所以有經驗的人可塑性低，主管成就感覺差，甚至不同環境的人聚合在一起，光適應就是一大問題，當問題解決差不多的時候，你就花了一段時間了。

新人培養不容易，但是慎才選才，用心持續一年兩年，熬過最苦的階段，人才會自動的繁衍成長，努力不白費，成果自然就源源而來了。

找新人或找舊人，這是不同的深遠的路，這差異是很值得深思。

面談時的 4Q

面談時有四個問題要告知和提醒。

Q1、保險行銷到底是什麼樣的工作？

1. 保險是終身事業，是自主的事業，可以終身經營，自我發揮的事業。
2. 保險是可以得到高報酬的事業，收入無上限，能力可創造。
3. 保險是滿足成就感的事業，付出心力有多大，成就就有多大。
4. 保險是長期成長的事業，有長期訓練課程及自我成長的機會。
5. 保險是領袖事業，可以充分應用自己的能力，帶領團隊，不限人數！
6. 保險是助人的行業，每一張保單都可以帶給一個家庭希望，並避免後顧之憂。

Q2、這是什麼樣的環境？

1. 公司沿革、背景、文化、福利、商品優勢、獎勵制度、訓練、人事資源。
2. 團隊介紹、歷史沿革、文化風格、績效、活動、訓練！
3. 團隊主管和重要人士介紹。
4. 時代背景提示
5. 各類可供參考的資料

Q3、新人必須做什麼？

1.接受訓練

2.資格取得

3.職前訓練

4.尋找客戶的技巧

5.工作計畫

6.推銷技巧

7.參加活動

8.創造業績

Q4、如何說明新人如何可以達成目標

1.成功經驗傳承

2.教材資料提供

3.陪同教育

4.實戰檢討

5.例行性工作的參與

6.督促和檢討

7.報表管理

8.客戶管理和延伸

面談時的激勵

對準增對象要給幾個激勵。

一、描繪願景

1. 市場佔有率、民眾投保率、平均保額、保費占 GDP 的比率等。

2. 市場接受度 -- 一般民眾對保險分之認知和接受度。

3. 高收入 -- 保險業與其他銷售業的差異。

4. 穩定與永續 -- 未來的發展與藍圖。

二、描述成功經驗

1. 成功者的做法。

2. 成功者的收入、績效。

3. 成功者的風範、社會地位。

4. 成功者對社會的付出和奉獻。

三、鼓舞新人

1. 外表特性，找出他與旁人不同之處。

2. 經驗可貴，肯定他的經歷。

3. 協助規劃遠景，一起討論未來。

4. 全力以赴，別人能你也能。

5. 為成功付出代價。

6. 機會和命運掌握在自己手中。

四、詢問與提醒

1. 他對保險事業的看法。

2. 他買過保險了嗎？買了什麼？為什麼買？

3. 他還沒買保險，為什麼？

4. 本身是否具有潛在的市場

5. 家人是否支援。

6. 希望的收入目標。

7. 希望的團隊規模。

8. 自我成長的空間。

9. 必須以服務為前提。

10. 這是利人利己的善行。

五、面談者的典範傳承

1. 面談者可以提供什麼樣的協助？

2. 面談者有那些戰功？

3. 已經培養多少成功人士。

4. 把自己對保險的信仰告知。

5. 介紹團隊成員背景。

六、展示成功的平台

1. 商品介紹。

2. 促成技巧介紹。

3. 學習和行銷工具、載具說明。

4. 團隊的實力展示。

5. 團隊對社會的貢獻、投入說明。

轉業成功者做見證

介紹團隊裡的傑出人士讓被增員者做參考，激起他的勇氣和信心。

中型企業的老闆

這種老闆壓力大，因為太競爭了，加上日夜顛倒的出差和應酬，若干不為人道的商業運作模式，造成很多經營者在告一段後退出了。

一位中型企業家評估保險業是助人的志業，而且以他的人脈和以往的信用度，他應該可以勝任，投入後才三年不到已經有一片天。

協助先生經營公司的老闆娘

這位老闆娘和先生奮鬥十幾年後，公司規模經稍具規模，但兩人同時經營難免摩擦，小孩也都長大出國讀書不用她操心了，於是她在聽了事業說明會後加入保險業，現在做得很火紅，找回她能幹的一面。

教授

陳教授教導經濟學，談得一口好保險，再過幾年就要退休了，他認為保險是現代社會不可或缺的重要物品，反正過幾年就要退休，乾脆退下來，以往的學生他抓了幾位過來，大家標榜高素質、高學歷和高專業，很快的博得各界的尊重和認同，現在他的團隊實動已經有百來人了，比他預期還好，證明保險行銷可以走高專業和高素質。

富二代

社會新鮮人小黃是富二代，大學畢業後思考進入父親的公司還是自創門路。

評估後，發現父親目前將公司交付專業經理人經營，成績相當理想，於是他覺得不要讓專業經理人失望。他認為保險大有前途，於是進入保險公司，他鑽研財富管理，也將和他一樣背景的同學帶進來。

才經過幾年而已，他的團隊非常的引人矚目，也幫助了很多大企業處理了公司的資產規劃，這對這些公司和專業經理人都非常的受歡迎，他認為，在他的計畫下，成立一支高優質的理財團隊對社會是非常有前途和貢獻的。

醫生娘

你能相信一支都是由醫生的太太們的組成的保險行銷團隊，經營得風風火火受到很大的矚目。開始是一位名醫的太太去聽一場財富講座，聽了之後大大有感。她想，平時先生的醫院患者雲集，她插不上手，收入高，但她只是將資金放銀行和買了一些不動產，平時就是和醫生們的太太和一些名流的貴婦吃飯、逛街、喝下午茶。

生活平順沒挑戰性，她想到她們都對財富的管理欠觀念，而且也要有能信任的人來引導。於是她向大家說她的想法，居然大家都很支持，還說她如果能勝任，她們也要跟著過來。她向老公提出這看法，居然也受到支持，因為無所事事光花錢也不是好方法。就這樣，一個醫生的太太們保險團隊成立了，很多患者感念醫生的照顧。紛紛都接受醫生娘的規劃。

無心插柳柳成蔭，保險行銷的觀念和做法大幅度改變了。

有心栽花花更發，保險對現代人是樣樣離不開，也不會拒絕，素質高、能力好的人士經營保險更是如魚得水，悠然自得！

魯蛇的轉變

　　魯蛇是 Loser 失敗者、輸家的意思，但魯蛇不全然一蹶不起，只要有心，還是能再爬起來的。

　　天下事情分三類，一是不可能不成，二是不可能成，三是可能成可能不成。思想改變心態，心態改變人生，「心想事成」不是口號，找一個立足點，輸家可以變成贏家。我舉幾個看到的化危機為轉機的實例。

投資失敗

　　A 先生投資生意失敗，原來的資金蕩然無存，還欠了一千多萬。若是找一份工作，薪水不可能高，再創業資金籌措不易，想到銷售保險有可能賺到多的錢，於是和債主們取得諒解，按月攤還絕不逃避，經過三年的拼命，居然債務清償完畢，還成立了一個績優的處級團隊。經營保險還真的是能起死回生的妙藥。

被倒帳

　　B 先生被倒帳，還因為為人作保房子被查封，痛下決心到保險公司投靠當時賣他保單的處經理，他要求處經理鞭策他，也把所有的技術都教他，經過勇於學習和全力以赴，也是短短的幾年，他又站了起來。

被資遣

　　C 君突然被服務十多年的公司解聘資遣，心有不甘，但無可奈何，因為公司受疫情影響也面臨存亡之際了。他去幾個公司面談，但對方都說五十幾歲，年紀大了些，心想科技能力也輸給年輕人，時不我於。但小

打造頂尖團隊六大修練

孩還在讀書，房貸要繳，思考保險工作沒有退休年限，有能力就有機會，他真的又活過來了。

被離婚

D 女士結婚十多年沒出去工作，不料先生在外另築香巢，棄家不顧，無奈之下，只好訴請離婚。帶著女兒，前途茫茫。幸好鄰居的大姊在保險公司做的很好，力勸她來嘗試，在後退無路之下，她緊抓要領，專心經營重疾險，只要見到人，立刻開口做要求。

到公司要搭 40 分鐘的火車，她不願浪費時間，在車廂裡逐人詢問、勸導投保，本來旁人是她為怪物，但後來發現她的熱誠，也覺得重疾險很重要，於是很多人不但投保，還幫她介紹。最高時，她一個月成交了五十多件，轟動整個公司，她的困境也很快處理完畢了。

無法深造

小 E 學校畢業，本要出國深造，但父親生病無力支持她繼續求學，她兼了幾份工作和家教，但還是不足照顧父親和出國，看到同學到保險公司做得不錯，於是自己投入，她運用先進的資訊能力和科技工具，居然一鳴驚人，而且還吸引多位一樣和她年輕、資訊能力強的學弟學妹，如今她是一個績效卓越的團隊領導人。

保險業可以讓走投無路的魯蛇東山再起，只要願意，「不可能！」會變成「不！可能！」

成功的案例太多太多了！領導人腦子裡不要只停著過往失敗的案例，要累積成功的典範，常常提出來引用，讓魯蛇受到激勵，蛻變成騰龍飛鳳，讓「保險」幫助更多的人！

健康的人生思維

很多行銷界的夥伴常問我，如何打開一條生路？

我給他們的建議則是，要擁有健康的人生態度，匯整給他們的建議有以下幾個觀點。

一、別和不想成功的人在一起

所謂無友不如己，交益友，別惹損友。拖你下水的損友速速離開。

二、要和有進取心的朋友為伍

肯進修、肯學習、有創意、表現優秀的人是你要結交的夥伴。

三、要有強烈的求知慾

要有目標，一個月看幾本書、聽幾場演講、參加幾個進修會或認識幾個有益的人，每天從網路上取得資訊，學習一些新知。有人笑著說，人生最悲哀的是「畢了業就不再拿書本，結了婚就不再和太太談戀愛，有了一點錢就不再努力。」身為現代新人類，應該不是如此的宿命吧！

四、樂於分享

不擔心 Know-How 被學走，藍帶麥田的啟示應奉為圭臬。（一位麥田主人得到藍帶獎，得獎後大方的將得獎的種子分送給四鄰，眾人不解，他說：只有將好的種子給鄰居，藉由風的回傳，他田裡的品種會更好，否則風帶來的是劣種，他的成果怎能再突破。）不用藏私，勤於分享，成長將更看得到，精益求精，再加上互相切磋，成果必然更大有可為。

五、敢創新、突破

科學家說，一個人的大腦一生只用了百分之二與三而已，愛因斯坦不過開發了百分之五，就成了大科學家，如果能用到百分之四可以學到二十國語言及背熟大英百科全書。腦筋不能讓它閒著，要常去刺激它，用學習及思考去活絡它。目前是一年多變、一夕數變的時代，不去思考未來的發展，不去改正自己的行動，只是自昧前程而已。

六、胸襟格局要大

愈是大格局的人愈有大發展，老是和同僚、主管計較的人，成不了大氣候；貪圖眼前利益的人，得不到人和；不肯投入學習的人，無法成長；不願意為團隊貢獻心力的人，難以得到人和。唯有氣宇軒昂、胸襟寬厚才能事業長進。

七、要有事在人為的自信心

對事業有信仰，對自己有信心，對人群有希望，對事業有志氣。

相信自己作得到，對自己的能力、應對力、學識都有信心。

不是誇張，而是謙虛的內涵讓他風度翩翩，讓客戶信任，以他為榮。

在公司的競賽裡得到名次，在必要的時間裡逐漸得到地位，因為有自信，保險事業在堅強的基礎上茁壯起來。

健康的人生不只是在體格、生理，最重要的是要呈現在心裡、思想裡！

有健康的心理，可以創造客戶的期望和信任。

可以讓夥伴安全，有倚靠！

事業可以永續、壯大，是因為領導人有健康的人生思維！

做一個偉大的行銷企業家

我常在演講場合推崇陳嘉庚先生。

陳先生是離現代不遠的南洋華僑,他留下來的事蹟可讓行銷人學習。

行銷要成功,要博得財富,更要回饋社會,要讓社會尊敬。

我到廈門時,常到廈門大學和集美學村走走,為的是瞻仰和融入陳先生的遺澤與精神。

新加坡開埠 200 周年推出 20 元新鈔票,鈔票上的人物其中一人就是陳嘉庚先生(1874.10.21 — 1961.08.12),他出生在廈門邊的集美小漁村,創業于東南亞,成為「橡膠大王」,在他企業面臨經濟風暴時,他以學校為念,寧可毀掉龐大事業仍然要把學校維持下去。

初創業時,即徵得母親和妻子的同意,將有限的資金蓋女校,他說:「只有讀書,才能改變女性的命運。」

集美學村、廈門大學和新加坡創建各類型學校,總數達一百多所。

對日抗戰時,他與東南亞的華僑們組織「南洋華僑籌賑祖國難民總會」,動員南洋華僑踴躍捐款,購買救國公債,選送五千位華僑司機回國,在滇緬公路運輸抗戰物資,陳嘉庚個人捐出一百多架戰鬥機、一千多輛戰車、百億軍火和糧食,他還出資在多山的福建興建鷹廈鐵路,成為中國第一條由民間人士出資興建的鐵路。

在世界的很多地方,都留下了受陳嘉庚先生精神影響的深刻印記,甚至在太空中,都有一顆被命名為「嘉庚星」的行星。

以他名字命名的嘉庚星、嘉庚水母、嘉庚路、嘉庚公園、嘉庚號、科考船、嘉庚路、嘉庚公園等，加州大學伯克萊分校的嘉庚樓等，無不折射出世人對他的景仰與懷念。

在海外，Tan Kah Kee 的廈門話讀音為人熟知，新加坡也有「陳嘉庚地鐵站」。

從事行銷工作，做得傑出者，收入往往高到所得稅要繳好幾百萬。

大陸知名平安人壽廈門總監葉雲燕，她捐了十多所希望小學，其他多位傑出營銷員捐車、捐樓、蓋圖書館也不在話下，這都是讓保險工作者讓人尊敬的典範。

我們不只是從事保險工作而已，我們可以是保險企業家，所作所為，以社會蒼生為念。

我們還可影響我們的團隊，對社會的弱勢提供援助，對遭逢不幸的人們伸出援手，雖然我們最重要的工作是把保險推廣出去，但因為工作的特性，我們可以得到好人脈、高收入、好名聲。

在得到好回饋之餘，推己及人，善盡社會公益，這是我們受尊重，並且因為受歡迎而得到更多商機的回報。

會分享的人可以得更多！

分享的金錢如同種籽，會以十倍百倍回報！

在台灣的桃園市有一個「真善美社會福利基金會」，收留的是一般人棄之如敝屣的「老憨兒」，基金會的謝秀琴董事長說：最支持基金會的是保險界，固定有三萬多位保險業務人員作定時定額的捐款，這對他們興建給老憨兒居住的「憨樂生活村」，幫助非常大。

一個具有大愛的保險工作者，他不是銷售保險而已，他在傳播「愛與關懷」，他是偉大的行銷企業家！

自力更生，有志氣不怕天災

一個讓人嘆服的行銷高手的故事。

她是台灣921地震受災戶，大樓垮了，員工死了好幾位，優渥的收入事業瞬間化為廢墟。繳不起保費，辦繳清的當夜，她輾轉反側，難以入眠，心想若災難再來一次怎麼辦，沒有保險的家人可否承擔得起？

但第二天要復效，原來承保的保險公司卻不同意。無奈之下，只好向另一家銳意擴張的公司投保，也加入行銷陣容。

原先只是隨意嘗試，心想若能一個月增加五萬元收入也不錯了。但在參加於海外舉辦的表揚大會時，驚見會長、副會長出場的磅礡氣勢，她被震懾了。「彼當取而代之！」「大丈夫亦如是也！」幻想自己是會長，她已設定自己就是台上受人膜拜歡呼的英雄人物。她要得到這份尊榮。

她努力，她用心學習，她朝目標前進，但就在奪冠前夕，突然被別人超越了。她氣餒了，她放棄了。但第二次參加海外表揚時，同樣的會長氣勢又驚震了她。

「這才是我要的！」「我一定要得到！」「這次絕對不能再放棄了！」她堅定的在心底宣誓著。回到台灣，立刻去禮服店訂製會長禮服。請人幫她擬寫會長感言。她去向主管告知她的願望，要主管支持她、督促她。並且她每天告訴自己，她就是會長。

她以會長自許，這次她絕不能閃失，她要以超高業績贏取勝利。

果然，在下一次的大賽中，她以一千多萬的成績讓人瞠目結舌。她

打造頂尖團隊六大修練

作到了，而且一次又一次，一年又一年，她蟬聯多次的會長。

她用心學習，早會是她學得知識與技術的地方，傑出前輩的言行舉止是她COPY的來源。雖然快速成名，但她沒有一絲驕艷，仍然戰戰兢兢。聽從主管們的指導，走出一條光榮有尊嚴的路。

有志氣便不怕天災，很快的，她因為天災導致的負債很快就清理完畢，她沒有了負債，拼鬥起來更是一身輕。

從事保險工作，有的人是投身偉大的事業，目標清楚，行動堅強有力，以助人為己任。

有人是無路可走，四處碰壁獲得不到趕緊解決困難的方法，於是來保險界闖蕩。

不管是什麼樣的心志，只要明確的知道要什麼，用心去播種、照顧，放下多少的心，回收就會有多大。

一個成功者，最重要的是有志氣、有毅力，不怕吃苦。

在東京奧運會裡，為中華台北贏得第一面金牌的舉重選手郭婞淳，她出生於貧寒的原住民阿美族單親家庭，為了證明自己的能力，她竭盡所能的拼命，她曾經意外大腿骨折，但為了四個月後的賽事，她努力復健，又得到獎牌。

她說：「人生要為只有一次的生命努力奔跑，你難過你還是過，你快樂也是過，你為什麼不要選擇快的過，而且精彩的過！」

這就是有志氣的生命力！

事業要有成就，必須像著魔一般

　　一位南部的朋友專程上台北，拿他的年度計劃表和我討論，去年他的收入已達到六百萬，個人銷售收入佔了七成，今年想達成一千萬，組織收入則要佔七成。

　　我相信他作得到，因他去年他簡直發了瘋，沒日沒夜，沒有假日，沒有休息。今年一開始，又這麼在乎目標和作法。憑他的拼鬥精神和改變的決心，不成功也難。

　　法國思想家伏爾泰曾說過一句話：「**人要在某一項事業有所成就，必須像著魔一般。**」大部分的人在年初總是信誓旦旦的要有所轉變，但不消多久，目標即已雲淡風輕。

　　為什麼堅持不了，應該是方向不明、方法不對罷。若有明確的中心主旨和熱誠，循序漸進大業可成。

　　愛迪生在五十五歲生日宴會上，朋友問他：「你未來計劃如何？」他說：「從現在起到 75 歲，時間用在工作上，77 歲時要學橋牌，80 歲時交女朋友，85 歲學高爾夫球。」朋友再問：「90 歲時要作什麼呢？」

　　愛迪生聳聳肩說：「對不起，我作計劃不超出三十年。」75 歲的生日時又有人問他未來的計劃。他說：「我相信竭盡工作會帶給我快樂，如果老天願給我時間，數不清的構想會夠我忙好幾百年的。」

　　目標是生命力的來源，熱誠是生命的動力，行屍走肉的人無法立足，缺乏熱力的人作不了大事。敢作大夢的人能作大事，作小夢的人作小事，

不敢作夢的人一事無成。

我認識一位常常奪魁的超級英雄。

他是標準的瘋子。

為了奪勝，沒日沒夜，沒吃沒睡，客戶碰到他，很難說不保。

他有一件經典案例。

他本來約了一位公司的董事長，在預定時間到達對方的公司時，客戶臉色鐵青，匆匆忙忙地要出門，看到他，頭都不回，只丟了一句話：「改天再說！」

他問櫃台小姐，董事長是什麼急事，櫃台小姐說董事長南部的父親往生，急著要南下處理。

他問了地址，趕緊也開車下去，去到了地點，二話不說，穿起海青（佛教居士服），跪在靈前念佛，一念念了六個鐘頭，不吃不喝不起，只是專心念佛。

董事長看在眼裡，感受在心裡，事後回報了一張二十年期，年繳五百萬的保單。事業要成功，就是要有如此的瘋狂行動。

莫怨天、莫尤人，千金難買好人生，人生要有瘋狂的想法和行動去打造！

不要怪公司、不要怪商品、不要怪客戶，什麼都不要怪，不要埋怨！

法鼓山的開山祖師聖嚴法師曾經開示，面對人生逆境，必需要「**四它**」——**面對它、接受它、處理它、放下它**。

理性的、正向的迎向理智的生命，你就可以創造有意義的人生！

尋找有教養的夥伴

一位客戶向我申訴，業務員和他談生意，他說暫時不要，對方一臉不悅，離開時椅子沒歸位，水杯一丟即走，門還大聲推回。

我只能頻頻道歉，業務人員沒有教育好，是公司和主管的錯，沒什麼好說的。

沒修養、沒教養，這位業務員怎能把行銷工作做好呢？

有一篇網路流傳的文章，講得是「善終」，不是說一個人過世，而是離開的身影。

影星劉詩詩，離開飛機商務艙的座位時，把毯子、枕頭等整理的一絲不苟、乾乾淨淨，讓服務人員大開眼界，大為敬佩。因為一般人離開飛機座位時，總是隨手一丟，匆匆而走。

一個人的修養，看他離開時能否圓滿的「善終」。

我常搭搭高鐵，看到有些人離座時，座位像是被炸彈打過，亂七八糟。

和業務同仁出國，雖是得獎的菁英人員，但離開房間時，還是有部分人的房間是一塌糊塗，慘不忍睹。

離開時的身影，可以美的讓人感動、讚歎！一個人有沒有教養，看他離開時的身影。

我常到附近的小學操場走路，旁邊是籃球場，往往我可以一撿就是一箱寶特瓶和垃圾，我多次勸導，但無效，對台灣的小孩感到憂心。

詩人歌德說，通過一個人對待那些無所回饋於自己的人的態度，你可以簡單的看出他的品質。

一個人的教養，不是流於表面的禮貌的言談舉止，是對待無關的人也一樣謙虛和友善。

美國著名旅行作家凱魯亞克說，**教養是一種不用說出來的美好。有教養的人，總能在不經意的細節中，讓人如沐春風，心生敬仰。**

最高境界的修養，植根於內心，無需他人提醒，人生就是一次次的離別。每一次離別都能看出一個人的教養。

出差退房時，能不能整理得井然有序，甚至回復到入住的樣子，我們為打掃的阿姨著想，也為離開後看到到的人有好觀感。

在公司裡的打掃阿姨幫你倒垃圾、擦桌子，你能夠趕緊站起來道謝、致意嗎？過年過節，你可以給這些低薪酬、為你服務的人一點小紅包或小禮物嗎？

你進入電梯時，為後面的人按鈕，幫身後的人拉著門嗎？

這是教養的差別，當我們打電話被客戶拒絕時，我們還感激他，讓對方先掛上。當我們在客戶的公司或家裡被拒絕，我們離開時，桌子整理好，椅子排好，衷心感謝客戶給我們機會。

當在咖啡廳離開時，杯盤整理好，這是尊重，這是教養，這是善終。即使無緣再見，也讓人心生溫暖、念念不忘。

保險工作者是要讓人尊重的，因為這是偉大且美好的善業！

你的修養，客戶看在眼裡，本來拒絕的想法可能就回心轉意，修養不是謀求利益，修養是點點滴滴呈現一個人的內心品格。

品格正是從事保險工作最重要的內涵。

喜歡閱讀和聽講的人會是傑出的人

美國獨立戰爭時，有人警告英國政府：「美國每週從歐洲運過去的書多於我們，那麼多的人都在看書，而且連嚴肅的書都不斷讀下去，知識就是力量，這地方不得了。」

我認為，現代人不應該與時代脫節，為求跟上時代腳步，吸收知識是最實際的做法。

台積電董事長張忠謀的閱讀記錄，我不禁汗顏，這也為他的成就找到另一佐證。張先生說，他每天閱讀五個小時，已連續十幾年了，雜誌一個月看三百本，書評和專業書是必看的，創辦台積電即以「創造知識、分享知識、儲存知識"為理念。

比爾‧蓋茲每天工作到十二點才吃晚餐，又看一個半小時的書才肯休息。

幾乎大部分的科技人都是如此。因為知識變化太快了，稍有不慎就落人於後，所以吸收知識便成了戰戰兢兢之事。

身為保險工作者，我們是否也想傑出呢？

每天見各種不同職業的人，與不同層次、背景、家世、宗教、興趣的人來往，如果不能契合他們的想法，如何讓他們接受你？

吸收知識最快來自閱讀，書本是作者用盡心思，一字一句煎熬出來的，書中有他的智慧、經驗和重要的觀念，一本書可能作者要用好幾年才寫得出來，讀的人用一點小錢一點時間便可以盡攬起中，這是非常划

算的投資。

　　增加知識的另一個好方法是聽演講。親聽精闢的演說，除了內容以外，講師的舉手投足、他的能量，在現場與聽眾的共鳴，對內心的啟發最大。

　　現在視頻、音頻數量豐富、內容五花八門，更是增長智慧的好方法，可以在車中聽、上下班及拜訪客戶途中聽，一段又一段的精品正是增加知識、創造內力的最好滋養品。

　　我每天有行萬步的習慣，這習慣從２０１５年４月起都維持不斷，萬步大約 100 分鐘，這 100 分鐘不要浪費，掛著耳機，聽中外名人的精闢精選，真是人間一樂。

　　我聽了台灣的蔣勳、白先勇、陳文茜，內地的羅胖、老梁、靜雅佛音、司馬南、掌知識、天雁商學院等等，時事、歷史、文化、音樂、啟示等等，盡在其中。

　　這世界在飛奔的改變，最悲哀人是既不看書、又不參加演講會、不知自我進修之人。渾渾噩噩過日子，只知埋怨和批評，不瞭解外界學問的進步，也不讓自己成長，真是讓有識者扼腕。但偏偏很多的保險工作者是如此。

　　試試開始閱讀吧！讓家中充滿書香，讓實體書店可以生存下去，讓你的知識淵博，讓你的語言充滿深度和智慧。

　　最重要的，你的閱讀讓你在談論保險意義時，多了文化面，多了內涵，當然客戶就會多愛你一些！喜歡你一些！

改名不如改性

　　有時候，我會對某個業務員說：「你名字改多久了？」她會嚇一跳地說：「您怎麼會知道我改名？」

　　為什麼我會知道她的名字是改過的。

　　很簡單，判斷！

　　名字和對方出生時代是連結的，哪個年代總有那年代的象徵意義，還有是，名字和人湊不攏，不符合情境。

　　改了名字能改命改運嗎？

　　就像有些達官貴人高陞時，要花重金請大師改方位、改坐位方向。

　　有些人還去整容，好好的臉整得一看就很不自然。

　　有些人時興買辟邪品，改變磁場，增加能量之類的。

　　這些無非是透過人為的方式改變原本不是很順暢，或是藉改變空間的布局，創造後天的格局。

　　有效嗎？

　　先講一個故事。

　　一位富豪買了塊地，蓋了別墅，找一位大師看風水，看看有什麼要調整的。

　　一路上，如果後頭有車要超，富豪都是避讓，並說：「超車的人多半有急事，先讓他們走吧。」

　　到了鎮上，富豪放慢了車速。一名小孩嬉笑著從巷子裡衝了出來，

富豪煞車避開停在了原處，富豪解釋道：「小孩子追追打打，後面肯定還有人，等一下。」果然後面有小孩追了出來。

到了別墅，富豪正準備開門，後院突然飛起七八隻鳥。富豪停在門口，讓大師稍等一會兒再進去。大師訝然，富豪笑著說：「這會肯定有小孩在院中樹上玩，現在進去嚇到他們，掉下去摔倒就不好了。」

大師默然片刻，轉過身對富豪說：「你送我回去吧，這房子的風水不用看了。」

這次輪到富豪訝然了：「大師何出此言？」大師感慨地答道：「有您在的地方，都是風水吉地，不用再看再改了！」

一個心靈高貴的人，舉手投足間都會透露出優雅的品質，最好的風水是人品。大家知道風水養人，卻不知人也養風水。

人的風水是什麼？第一是心，第二是口，第三是行為。

心生萬物，做好事、講好話、存好心，這就是最好的風水。

從事行銷工作，如果時時存好心、常常講好話、念念結善緣，並且因為不錯的收入，常常濟貧助危，那麼有他在的地方，便是風水寶地。即便別人看來好像不是好風水的場域，但因為他的心存良善，必然引來吉神庇佑。

改名不如改性，即是如此。

常可看到保險業務人員，在分配辦公桌時，請大師看方位，入位看時辰，業績不好時，還要調整方向。

我認為，看方位、選時辰、改名字，也不是完全無意義，最起碼讓心情篤定，信心增加。

但如果態度不改，為人處事、進退應對時，態度高傲、用語不當，這會讓聞者不悅，甚至厭惡，如此，風水怎麼調整，都還是無濟於事的。

「福地福人居」，倒不如說「福人居福地。」

167

快樂由心造

　　有一次帶著三十多位得獎的同仁到義大利去享受得獎之旅，因為時差和水土不同，第六、七天後有人開始抱怨，有幾位也跟著抱怨，抱怨什麼呢？

　　職責所在當然要安撫他們，大家看到我玩的興高采烈，不禁感到奇怪！義大利我是第一次到，羅馬、威尼斯、佛羅倫斯，早就慕名已久。我在晚上大家進旅館後，跑到外面去看夜景。五點多又跑出去看早上空無一人的市街。早餐是歐式餐，吃慣稀飯改嚐口味也覺新鮮。上了遊覽車，領隊盡責的一路介紹風土人情，我一面聽，一面看外頭風景，累了眼睛一閉，可睡得舒舒服服。

　　反過頭看那些抱怨連連的同仁，不禁覺得他們很可憐。先是覺得他們心存偏見，吃的不合胃口、住的不舒服、車子一開就老半天。

　　他們先設立場所以心有未甘，乃至處處受制受到不平待遇。其實從羅馬到米蘭，一般團搭遊覽車，我們搭飛機，威尼斯的地陪是最高級最專業的地陪，一天要價 800 美金，妙口成章，導引之精彩直叫人張口瞠舌，只可惜這些差異對一般人是無意義的。我曾寫下「打開心情，好運跟著來」與大家分享。

　　一、相信老天爺，定有好安排 —— 別給自己太多壓力，有時聽從老天的安排也不錯，好好的作，順乎天，從乎理，老天不會虧待你，會給一條好的路走。

二、**笑容掛臉上，好運連連來**——笑是最好的催化劑，伸手不打笑臉人，笑拉近距離，促進友誼，增加生意的契機，強化成交的過程。笑也是最價廉的禮物，人人都需要的贈品。

三、**主動打招呼，財神常常在**——熟識陌生也好，高層低層也罷，有緣無緣先隨緣，說聲早，點個頭，獻上一個溫暖的情意，最親切的人是最好的朋友，生意助力往往就這樣悄悄地滋生了。

四、**學習新事物，智慧會打開**——抱著好奇的心情，永不排斥的態度，參加各項成長團隊，多學習，多參與，眼界會開，智慧會來。

五、**參加慈善團，更勝神佛拜**——善心的團體，助人勵善的機構，是我們應該同心協力、出錢出力分擔社會資源的地方。明的去，暗的來，「捨得」是有捨才有得之意，別怪神佛不庇蔭，該怪自己未盡力。

六、**萬事不氣餒，喜神會等待**——樂觀、熱情，這是維持生命力最佳藥劑。

七、**多想多開口，機會抱滿懷**——多聯想、多思考，也要將想到的與週遭分享，更要將好的關心和利益趕快讓客戶知道，機會來自於開口，來自於主動。

八、**作個關鍵人，眾人多愛戴**——讓自己成為朋友中不可或缺的甘草，讓個人的專長成為團隊中的靈魂。

九、**多看多聽講，好運跟著來**——「好老師」「好朋友」「好環境」是使一個人成長的要素，多接近靈性成長的團體，你會因為環境的薰陶與激勵而改變。

觀望不能改變現狀，只有在參與的過程中，才有向上提昇的力量。

沒有壞時機，只有壞心情。沒有賣不出去的商品，只有賣不出商品的人，讓我門打開障礙的僵局，突破新機的面貌。

複製成功模式

我曾經配合一位處經理增員一位廣告界的好手,是外商廣告公司的台灣區業務主管,地位高,業務來源是客戶求她,不是她求人。

她有一個大大的辦公室,早上到了公司,助理煮來香噴噴的咖啡,把幾份報紙重頭到尾看了一圈,把幾個幹部找來問問進度,找客戶一起午餐,整天沒什麼該辦的事,工作是輕鬆愉快,年薪高達三百多萬,看來沒有理由轉行。

但處經理鍥而不捨,要我幫忙,說是這種人才若能取得,將是未來的大業務團隊領導人。

這是高大上的人才,我不能輕舉妄動,我和她吃了幾次飯喝了幾次咖啡,發現她有特殊喜好,她研究紫微斗數數十年,喜歡看客戶和朋友的命盤。

我先投之以好。

我請她幫我看命盤,看這幾年流年如何。她一看,直呼流年運好,會有大發展,我再請她看公司幾位高管的命盤,她算了算,驚嘆道這團隊太強了!

敢給她看命盤,難道不怕反效果出事嗎?

我是有把握的,你不先給她看,當她要做決定轉跑道時也一定會看的,況且當時我們的團隊氣勢如日中天,一定是流年大好,她看了必定心中有數,何懼之有?

170

我再給他分析時事和曉以終身事業的大義，經過大約三個月的折衝，終於她放棄高薪過來保險公司，當一個無底薪的業務專員。

　　她既然敢來，就一定有她的策略和做法。

　　一開始，她就擬定目標。她要收入比以往高，日子要比以往輕鬆。

　　大家都說她瘋了，哪有這麼簡單的事。

　　但有成功經驗的人到哪裡都是可以繼續成功的。

　　她的策略是第一年自己謀求市場經驗，她專攻千萬保額的保單。

　　第一年，以她的人脈和以往的口碑，她輕易賺得千萬佣金收入。

　　當別人還在訝異當中，她第二年起開始增員。

　　她只不過挑了三個人作傳承，這三人是她以前的部屬，也都是高收入者，但她用自己的一年實證告訴他們，跟著她，她會給大家一套成功的模式。

　　她要他們 Copy 她的做法，賣高保額、找傑出的人，她在複製成功套路。

　　第二年，這三個人也獲得相當好的成績。

　　而這三位第一代也用她的模式再傳承下去。

　　不到五年，她的團隊突破百人，而且日子真的比以往輕鬆愉快。因為已經是團隊收入穩定和高漲的時候了。

　　成功絕對可以複製的，但先決條件，你夠成功，你有你的經營理念，你有你的人格魅力！

第五章

建立團隊運作的態度

不計較得更多

　　常常看到在營業單位裡面，主管若是很會計較，和公司爭錢奪利，和夥伴錙銖必較，這團隊不可能有太大作為。

　　反之，如果領導人大氣，願為同仁服務和付出，不計較小錢，甚至常舉辦獎勵或提供額外福利給同仁，這團隊一定會大型化，會大有可為。

　　只會算計，眼前縱然有所得，但慧眼者一眼看穿，豈能讓他事事得呈，老天爺也不會特別照顧他的。

　　愈是不計較，愈是可以獲得多。

　　我常認為我運氣好，常有貴人相扶助，但想一想，多少和我的若干想法有關。

　　我在九零年代初期幾本書出版後獲得不錯反應，雜誌社要我幫忙作新書發表，國內外巡迴演講。

　　一開始要我到馬來西亞，問我有什麼特別要求沒有，我記得當時很爽快地回答：「出書是你們的專業，是你們的命脈，我只是興趣，版稅你們自己訂，搭飛機經濟艙即可，住的、吃的也不用豪華，你們賺錢比較重要，我高興就好！」

　　雜誌社老闆很是感動，那有人這麼支持他們的。所以後來很多場國際大會要我擔任講師，我也藉由巡迴演講走遍東南亞和大陸各地，並且結識全球傑出的保險菁英。

　　很多人變成我的好友好夥伴、長期粉絲，這都是因為這些出版品的

影響力，所以不計較反而得到的更多。

因為有了這些知名度，所以公司在擴展時也較方便，同仁有時在發揮上也有些著力點。看來好像吃虧，但若換算廣告價值，其實還是賺很大的。

很多夥伴常問我，想成為公司或行業的翹足，如何去得到呢？

我認為，做任何事情，如果：

沒有堅持 3 個月以上，就沒有發言權！

沒有堅持 3 年以上，就不能說自己懂！

沒有堅持 7 年以上，就不可能是專家！

沒有堅持 10 年以上，就不會擁有權威！

沒有堅持 30 年以上，就不可以說是行業代表人！

成功沒有捷徑。

成功沒有神通，只有基本功。

選擇自己真正想做的事情，每天重複做，能堅持下來的人，就可以成為這領域的領航者。沒有奇蹟，只有累積！

不要計較短期的得失、利益，歡喜做、甘願受，大家的眼睛是銳利的，是看著你是否真心！

愈是會計較的人，愈得不到別人的支持。

就是喜神、福神也不喜歡計較的人。

「在愈混亂的年代，愈是需要溫暖的笨蛋！與其抱怨，不如起身改變！」 這是一本「善意的書」重要的一句話。書中還有一句「**每天做一件好事，改變壞掉的世界！**」讓我們去實踐吧！

向宇宙下訂單

根據「秘密」「吸引力法則」的精義，凡事是你敢不敢去要，要不要去向上天下訂單。

怎麼下，在哪裡下，隨你高興。喜歡儀式，就來個儀式。同樣的訂單一次就好，透過直覺去接收願望包裹。

用正面的方式表達每一個願望，願望成真後要讚嘆。如果要將生活導引至正向能量，須列一張清單，清楚寫下你要什麼。

下訂單後，不要牽腸掛肚，不必去催促。

就像你定了披薩，講清楚數量、地址說明白，披薩店自然在預定的時間送達。

人所說的話、作過的事，都會回應到自己的身上，正所謂自作自受。

宇宙沒有所謂的時間，所以他從不遲到。

幸福只存在於任何擁有愛的人之中。讓自己幸福可以造福自己和所有人。

意念越強大，越有機會心想事成。當你心無罣礙，滿懷信心的思考，意念會越強。使太多力氣，或期望太高，會削弱願望實現的機會。

想要願望實現或不實現，自己決定，要是願望沒實現，自己也還活得很好，願望都會很快實現。

對自己要有自信無庸置疑，對夥伴要有讓他們成功的期許和方法。

有一個皮格馬利翁的效應。

打造頂尖團隊六大修練

公式是主管的期許＝業務人員的所為與成就。效應為：

1. 主管對部屬的期望及管理方法，決定了部屬的表現。

2. 傑出經理的強項是他們有能力定下很高的期望，又能讓下屬達到要求。

3. 工作能力較低的經理往往不能定下類似期望，而結果是部屬表現也差勁。

4. 業務人員往往會根據別人的期望達到一定的業績。

我記得我還是新人時，一次主管拍了我的肩膀說，你不要老是一個月作三萬的業績，你可以一個月作五萬的。

我聽從他的話，果真一個月可達到五萬。

過了半年，他又說：你的實力一個月可以達到十萬的業績，你不要再作五萬了。聽了他的話，果然我又提高到一個月十萬。

再過一段時間後，主管又說了，你不該一個月作十萬的，你可以拼二十萬。

這是多大的數字，在當時是不太可能的數字，但既然主管講了，我又去拼這目標，說也奇怪，真的又達成了。

這真應了「**主管的期望決定了業務人員的表現。**」

所以，我也常常用這方法在我的團隊主管身上，你對他們的期許夠大，你敢要求，你敢下獎勵，你敢盯催，你衷心相信他做得到，你也向宇宙下訂單，強大的心志，往往心想事成。

對有錢的人，要抱著尊敬的態度

富人最討厭別人不尊敬他，不知道他是個有錢的人。

反之，你尊重他，你欽佩他，你對於他的成功致富過程永遠有聆聽的興趣。他會信任你，對你的抵抗力會下降，你要切入的機會就大增。

你要讓他知道，你是幫他賺更多的錢，你提供增加他財富的信息給他，你幫他省下龐大的稅賦，去除不必要的損耗。

金字塔頂端的人永遠有心理的隱憂，嘴巴可能不說，但心裡甚是著急。

他的財富在被繼承時必須繳付稅金，他心裡著實不甘，但及早分配或處置亦非良策。因為太多財產給下一代反而造成悖離不肖的案例歷歷在目，殷鑒不遠，不能造次。可是若不處理好，萬一繼承者短報或漏報，多倍的罰款等於畢生心血全泡湯，那又多麼難過。

真正繳遺產稅的人只有三種。第一種是生前沒有做好租稅規劃或不會作。第二種是不願太早把財產轉移給子女，以致於來不及處理的人。第三種則是認為繳稅是國民應盡義務的人。

因此可知，大部分的人窮極一生都在創造財富及減少稅賦，所以一個金融理財從業人員若能專注於這個領域及提升專業能力，他是不愁收入減少和市場競爭的。

千萬要相信，對有錢的人談理財規劃，會比對小康之人容易。畢竟他的錢比較多。IBM 超級業務員羅傑斯一句話 ----「**如果我能證明我有一**

個觀念，能幫你解決問題，使你的生意作得更好、錢賺更多，你會有興趣和我談談嗎？」

我有一位同事擅長經營大 case，尤其是團體保險，一次可以進來數百件壽險。看到對方的高階主管或承辦人員熱心地幫他的忙，沒有兩把刷子是不可能做到的。而在公司裡面，當然也常有需要斡旋協調之事，幾個主管也心甘情願的幫助他。我仔細地觀察，其實他是用心在小細節上，而且讓人覺得不幫他都不行。

他每次出國時，都會採購一大堆的小禮物，就像是回來要開店販售一般。其實他都是用來一一打點關係人，男士們領帶、名筆，女士們圍巾、小飾品，小孩子也沒漏掉，小擺飾和玩具。在皆大歡喜的情況下，令人想不喜歡他都很難。

他還有一個讓人感動的做法，他會湊合生意和人際關係，他把各種人脈調理得非常有效率，並相互介紹生意，甚至把面子作給對方。

像我每次一出書，他就立刻要我幫他簽個一百本以便送給業務同仁，書還沒處理好，書款早就寄達了，比起只會索書的人，實在相差太大。

除了我的書，還常購買學者、專家的書，送給他的客戶，這不是一般泛泛之業務人員作得到的。

想做大 CASE，先問自己的心夠不夠大！

要有大作為，平常對周遭的人是否付出關心？

和有錢的人，你是否和他們平起平坐，你提供給他們的，甚至超出他們要支付的代價。

有錢的人，希望有人幫他們理財、規劃，你有這能耐嗎？

你能增員有錢的人一齊來經營保險工作嗎？不是瘋狂的想法，是魄力、是格局！

離開五分鐘便發出感謝的訊息

　　現在智慧型手機方便，建議離開客戶五分鐘後，若可發出感謝的訊息，那將是多讓對方感受深刻。

　　感謝、致意、提醒、關心、相關的資訊順手發擊。

　　感謝他撥出時間讓你發揮。

　　對他的家人、公司，親切致意。

　　關心他的種種，好比經營、健康等等。

　　補充資料或對他公司有關的訊息等。

　　一個立即的訊息，功能會大到無可限量。

　　但一般行銷員都懶得立即回音和致意。

　　你若能多一分心，多一個行動，你便會在客戶的心中加分。

　　這些訊息有制式的文樣，即是所謂的罐頭貼文，我以前寫過一本「書信行銷」，風行甚久，裡面式各式各樣的書信範例，現在不用手寫，複製即可。前陣子一位保險界的高手還向我致謝，他說這麼久以來，他都是用這本書在向客戶致意，效果甚好。

　　你還可以場場發出不同型態的貼文，你是業務部隊的領導人，你要常常用卡片顯示你的有心。比賽途中以賀卡去恭喜夥伴的暫時領先，特殊表現時向他道賀，提醒他現在的成績，告訴他有多少對手正在覬覦他的寶座。

　　這些信息的到來，除了激勵外，最重要的是讓他知道有人在關心他、

注意他。

　　同樣的道理，對客戶也需要常提供一些實體紙給他，讓對方感受保險買了之後價值是倍增的，如公司動態、市場狀況、行業資訊及客戶需要知道的各項消息，甚至在年節、生日，的卡片祝福等。

　　也要把夥伴的成就告訴客戶，客戶對一個常受到公司表揚的業務員是安心且驕傲的，不過夥伴往往動口容易動筆難，要他提筆千斤重，但現在範例抄一抄、改一改就可以用了，改過之後存檔，要用時再修正即可。

　　現代人身不離手機，也參加很多群組，參加群組除了聯誼，增加各方面知識外，做希望的是產生商機，但是要注意，吃相不可難看，要沉的住氣，要長期表現你的風範和內涵，不要亂貼銷售的圖文，那會讓人生厭，不要猛貼問好的圖，那是沒有溫度的。

　　多按讚，多回應是王道。我有參加一個計步器群組，裡面一千多人，我幾乎每天都會將三千步以上的群友按讚，但回讚的每天只有二三十人而已，一個從事行銷的人只享受別人掌聲，自己吝於對鼓掌，那是無法成為頂尖好手。

　　按讚也是服務的一種。

　　一個統計，**一個滿意的客戶可以擴散 12 倍效益；一個不滿意的客戶需要 12 個滿意的客戶才能平衡；而吸引一個新客戶的成本為維持老客戶的六倍成本。**

　　為了讓客戶滿意，生意源源不絕，而且降低開發成本，服務是最好的投資。

領導人要有幾套功夫

　　我住的社區中庭立了一個石碑，那是經過嚴謹評鑑後得到全台北市第二名社區的榮耀紀錄。

　　那年夏天，社區接到通知，台北市政府要來評鑑，我們的社區立刻動員起來，希望能得到好名次以增加社區的價值和名譽。

　　管委會一討論，大家全部都要我做這個評鑑的總幹事。我推辭不了只好接下來，但請大家務必配合。

　　鄰居們都非常地樂意，我立刻分組，美化的、整潔的、檔案的、活動的，全部加以分配。社區名稱很有古意和典雅--「岳陽樓」，我把社區的內外仔細照相，還一一加上頗富詩意的岳陽內八景、外八景，再將景緻放入手冊中。

　　被我分配工作的鄰居，有的政府機關的大官員，有的是公司的大老闆，有的是藝文界的名人，背景不同，但有一個共同的特徵，都是愛護社區的熱心者。大家不分彼此，竭盡心力的配合社區的包裝。

　　於是整個社區改頭換面了。每個窗子都有亮麗的鮮花，中庭的樹木光鮮亮麗，水池裡鯉魚穿梭。

　　評鑑那天一到，十多位評鑑人員浩浩蕩蕩而來，我先送給這些大員一人一頂白帽子，好辨識。

　　再用麥克風帶引他們社區的內外看了一圈，進入視聽室，座位上面一人一本精美的手冊，桌上一人一盒本地名產，透過精心規畫和有深度

的陳述，賓主盡歡。

　　一個月後，名次出來，居然第二名。社區內在不錯，經過有心的包裝，所以脫穎而出了。

　　領導人就是如此，能整合大家，在加上把豐富的內涵精雕細琢呈現出來，不脫穎而出還真是難。

　　曾經一位著名的張姓處經理，他陪著從藥廠經理轉業過來，後來成為公司多年的會長的菜鳥去拜訪一位名醫。

　　開始時，醫師還對這位原來藥廠做得好好的業務員嗤之以鼻，這醫師和業務員交情原來很好，豈知換了行，狀況就不同了。

　　眼看中午時間快到了，醫師準備下逐客令，幸好他們有帶來台北著名蛋糕店的名品，張經理一邊介紹這蛋糕的特別之處，一邊還對醫師說：「王醫師，您診所的這音響真高級，現在播放的西崎崇子的梁祝，透過這音響真是蕩氣迴腸。」

　　王醫師霎時愣住，居然有人識貨，問他怎麼聽出來的，張經理立刻說，他聽過不下三十位以上的名家演奏梁祝，每位演奏者的表現都不一樣，他一一陳述。王醫師又問他還聽了那些樂團和名師，這一問，不得了！知音。立刻診所門先拉下來，好好的帶到地下室欣賞他的百萬音響和數萬張 CD，這一欣賞，整整三個鐘頭，還問他有什麼好保險可以買的，當下成交一年五十幾萬的保單，並促成了一位巨星的誕生。

　　一個團隊的領導人，不但外表得體，會說適當的語言，還要具備豐富的內涵。琴棋書畫詩酒花，若能有所研究，會有意想不到的狀況發生的。

馬步扎得深，自有出頭天

一個唐朝的故事，兩位佛門師兄弟，發心要傳道說法。

師兄的聽眾總是人山人海，向師弟取經問法的信徒比較少，而且還一天比一天少，師弟很煩惱，不知如何是好。

師兄勸他說：「師弟不要煩惱，我相信我的聽眾是累世結善緣而來的，不然憑我那有能力。」

他鼓勵師弟說，你要多多到其他道場幫忙，信徒若有需要，盡可能協助，並將信徒所布施的錢財買一些生物放生。

師兄又說：「你十年內不要出來講經，廣積善緣為要，十年後東山再起！」

師弟聽師兄的話，真的默默經營了十年。

當他出來講經說法時！不得了，不同凡響，「十年寒窗無人間，一舉成名天下知！」信徒不管是來學法或是來看熱鬧，總是人潮擁擠。

這是怎麼一回事呢？我們以從事行銷工作的朋友來看。

有些人輕而易舉就會達到生意份額，創造高績效，得到好成績。

有些人拚了老半天就是很不得志，客戶不接受，業績做不出來。

到底差別在哪裡呢？實力、魅力、表達力、吸引力吧！

營銷員除了努力的學習，結善緣非常重要，營銷就是結善緣。

不論是開拓市場，或是和同業、同公司夥伴來往，我們需要多結善緣，多作分享和奉獻的義工工作。

突然間，很多夥伴加入你的團隊，或是進入一個大將，霎那間，扭轉你的團隊的陣容和聲勢。

有時是突然間大生意的來臨，一張大單連結一張又一張的大單，你很難說出一個道理，應該說是緣分到了。

好運說來就來，這不能說是好運，是你平時廣結善緣，有付出，肯分享，能堅持，這些累積得來的善報，日久見人心，一定會有效率和收穫的！

在我擔任業務副總時，有天去拜訪老朋友，我知道他是汽車乘客險的大戶，但別家保險公司把他盯得牢牢的，雖然我常去和他寒暄，但我沒有把握他會把生意轉給我。那天他和我聊得特別起勁，突然拉我進入他的茶室，這茶室他不會讓一般人進來的，因為裡面都是名畫、古物、茗茶和佛像。

他指著牆上的一幅掛畫，我一看，不就是多年前我送他的一張『禪門寶訓』掛軸，這是寒山拾得的問對聯，就是大家耳熟能詳的「寒山問拾得：人家謗我、欺我、辱我…」

他說：「每天看這幅畫，心情就會舒坦，生意也特別好。」

他說要好好感謝我。

從那天起，他將汽車乘客險交給我公司處理，每一年都有好幾億的保費。

一幅畫，居然在數年後發揮了驚人的效益，但是在贈送的當下，不過是一個小禮物、小心意，不是有為而為的，所以平時對客戶、對夥伴，加一份心意總是好的！

要出人頭地就需全心全力

保險工作很多人都說不容易，但我卻是認為很容易。

銷售保險我認為是「**黃金當作磚頭賣，鈔票當作草紙撒**」，寶貴的價值便宜的價格，怎會賣不出去呢？

因為我看到大部分的業務人員都不是真心的想開拓事業，他們不知自己為何而戰。

我的資質外表自認不比別人好，但我比別人認真、投入。我認為這應該是我奪勝的關鍵吧。

我當年做保險，只是是主管交代我該怎麼做，我就跟著怎麼做。

我記得當時上完整個一個禮拜的課程之後，我的主管跟我說：「今天我帶你到臺北縣永和鎮，你從右邊走下去，往前走，碰到沒有路你就吃個午飯，下午往左邊再走回來，五點的時候，我會再這裡把你收回到公司去！記住喔！要帶 100 張的名片回來。

我本來以為收名片有什麼難的！後來才知道連要收名片都不是那麼容易。人家聽到保險，客氣一點的就說：「請你出去，我不要保險！」

不客氣的、態度差的，用很不好聽的語氣說：「你給我死出去！我不要保險！不要、不要！」把保險業務員當作兇神惡煞，名片也不願意跟你交換！一天跑下來，我是很努力！但收不到 100 張，不過總也有五六十張。

回到公司的時候，哇！大家都瞪大了眼睛！怎麼會有這種小子，這

麼地勇敢，這麼地努力！因為那年頭沒有幾個人把主管要求的數量真當一回事的。

從那天開始，我就天天如此，早到晚回，持續不懈！

我做業務的時候，我做好我的工作，勤奮拜訪客戶！後來我作主管，我做好主管工作！我每天比業務員早到，我等他們來，我看不起遲到、不敬業的人，我認為正常出勤不過是本分，**我把自己當作是工廠生產線的工人，每天時間一到，機器一開，你就必須坐在那裡做你該做的工作。**

敬業、樂在工作，認真地創造當下，你就可以作得勝任快樂的。

有一位學者托馬斯．科里 Thomas C.Corley，他用五年的時間研究了177 位富豪的日常習慣。

他發現他們會成為富豪，是因為他們擁有「富有的習慣」。

他說：「**習慣預告一種因果關係，習慣決定財富、貧窮、快樂、悲傷、壓力、關係好壞、健康與否！**」

他又說：「**幸好所有的習慣都是可以改變和培養的！**」

富有的人有很多良好的習慣，其中之一是「早起！」

在科里的研究中，大部分的富人都有早起的習慣，至少在工作前三個小時起床。

他們不會被諸如路況不好等原因干擾心情。他們要掌握自己的心情，要給自己主導的自信感。

各位夥伴們，你幾點起床？

你掌控了時間，還是被時間掌控？

有心就不難

　　我曾經榮獲十一年的台灣省年度團隊業務冠軍，別人認為這是很難達到的紀錄。可是我卻認為不難，我現在雖然是一個經紀公司的負責人！但我還是盡力做好我的本分。我的目標是讓同仁安心的開創業務，我努力的做好服務，提供最滿意的行政和資源。人要在每一段不同的狀況裡面，做好自己該辦的事情！

　　有很多人問我為什麼能夠在從事業務第一線的 16 年當中，連續得到 11 次的全省冠軍。這原由要從 1980 年那一年講起，那年的頒獎典禮裡，我看到得到第一名的業務員，他在台上意氣風發的說：「得到第一名的感覺真好，我今年的收入破一百萬。」我聽了之後，我就不服氣了！我想你不過才破一百萬！好！今年讓你在台上風光，明年換我上台。

　　我很清楚！我如果要做得比他好，收入業績一定要比他高！我告訴自己，我明年一定要上台！為了要上台，我去想，我要怎麼樣來做！這就是目標，一個讓自己清楚勇往邁進的目標。

　　「心中若有大目標，千斤萬擔我敢挑。心中若無大目標，一根稻草壓彎腰。」我還很清楚，你要作得比別人好，你要得到好的名次，你的人生態度要清楚。

　　保險界裡面，獎勵比賽甚是多，有些人較負面，把獎勵當壓榨。

　　但正面的人，把獎勵當作是上天帶來的成長機會，在磨練和激勵下，得到精益求精的靈魂蛻變，還可貴的經驗傳承給團隊，讓團隊的成員得

到最接地氣的勇氣和實力。

　　一個有志氣的領導人，就是要有鼓舞自己和團隊的能力。

　　1、在最艱難的時刻都要能夠鼓舞自己！

　　2、要將自己的積極情緒感染周遭夥伴！

　　3、抱持積極樂觀態度不去抱怨不埋怨！

　　4、積極尋找好的方法創造最好的機會！

　　5、不自我設限開發出自身無限的潛能！

　　6、活在正面情緒裡面享受挑戰的樂趣！

　　你必需要有積極的人生態度，否則你的人生不會完美，不會如你的意！

　　一個人只有滿懷積極熱情和樂觀的生命態度，他才會獲得長期的成就，也長期得到別人的肯定。

　　我們都知道，生命是要具備熱情樂觀的元素，可惜，大部分的人無法確定，他們的態度是積極或是消極。

　　所以，為什麼不管是運動比賽或業績比賽，或明星、歌手，能名列前茅者都是熟面孔。

　　因為他們心裡力量大，他們是靈魂強者，他們是受到上天眷顧的勇者。

定位決定你的地位

我認為脫穎而出要有四個關鍵：第一個就是定位。

我常向業務夥伴說：「定位決定你的地位。」

如果定位不清，不清楚自己要什麼，為什麼而作。這是非常恐怖而且浪費生命力的事。有些業務人員，遲到早回，在辦公室裡，埋怨公司啦！埋怨主管，埋怨商品！批評這，批評那啦！盡是負面，不但傷害自己的時間和生命力，也引響別人的作戰力。早會完畢之後，出去外面喝咖啡，聊是非。喝茶，找碴。他們迷失了，他們在浪費生命！

我當時的定位很清楚，我明年一定要拿到第一名。團隊第一，個人也第一。

為了個人第一名，我早出晚歸，我大量拜訪客戶，我請客戶介紹朋友，我白天找客戶，下午回到公司後打電話，晚上再出去，我也勤看保險書籍，參加了很多行銷課程。

主管給我綽號「德國兵」。意思就是說，頂著鋼盔往前衝，槍林彈雨都不怕。這個綽號現在很多人都不知道了，但當年是響叮噹、**轟動武林驚動萬教**的。

經過一年的奮鬥後，來年我真的得到第一名，而且我記得，我是用三個月破一百萬歷史紀錄的，但當我得到第一名的時候，我告訴我自己，我不能驕傲，因為後面還有人會追我。我要更謙虛，因為一次的成就不是真成就。

我要更努力，每年都要得勝。我要成長，不讓別人超越我，我要每年都成長，我並且要我的夥伴跟我一樣都在各組裡奪魁。

在這樣的理念下，我真的年年達成得勝的願望。而且**我的勝利通常不是險勝，我用懸殊的差距拉開跟在後面的夥伴，甚至有好幾年，我的第一名是第二名加上第三名還比不上的**。而且我的團隊也都各自在各組裡奪冠，每次在頒獎典禮時，都是風光八面。

第一年奪魁可能是運氣，第二年又奪勝是偶然，第三年別人還可能認為是僥倖，第四年、第五年、第六年，對手啞口無言，因為這是真實力。

有時候，我們耽心我們的突出會引起別人的不快。但是，如果不能突出，那和一般的泛泛之輩又有何區別呢？

所以，你乾脆脫穎而出，成為優秀者，再建立一個屬於優秀者的圈子，你幫忙別人成功，你把他們拉進群，大家共同研究如何成為傑出者！

如此，大家都可以優秀，但因為你的積極，你還是最優秀的！

定位，決定你的地位！

你定位為勇者、冠軍，你就可以成為冠軍的保持者。

生命是由自己給予意義和定位的！

不思考突出，你只好淪為平庸，或者在危機來臨時，降為沒有資源、沒有士氣、沒有生命力的街頭遊民，這可不是我們要的！

格局決定結局

　　我認為要脫穎而出還需要一個關鍵：「格局」。

　　我曾聽過一場演講，講師說：「寬度、深度決定格局。格局有多大，成就有多大。」

　　我知道我若要贏過別人，勢必要跟別人有所不同，所以！當別人賣的保單是 10 萬、20 萬保額的時候，我就很勇敢的，我去賣 500 萬、1000 萬、2000 萬的保單！我反向操作！向高難度挑戰！別人是一對一，我敢一對多！一個對 50 個、對 100 個，跟他們做團體的說明，這在早期那個年代，是比較少人敢這樣子做的！別人是在做零售商，我在作批發商。

　　還一個關鍵是創意。我還有一些與眾不同的方法。

　　我是全華人地區第一個用傳真機做保險的就是我。在 1981 年，**傳真機剛剛發明出來的時候，我就想到，這個機器一定可以做出什麼樣與眾不同的生意。**

　　我東想西想，想到旅行社，想到貿易公司，他們跟國外的朋友或客戶聯絡用傳真機最是方便，尤其是觀光客，名單用傳真又快又準，所以我就和公司申請，讓我和旅行社簽約，他們的客人要來之前傳名單投保，我確認無誤後月底再收費！當這個概念形成之後，每天收單，月底收錢，光這樣生意就收好幾千萬，而且影響了後來整個保險生態。

　　我還連結了很多周邊保險業務，旅行社的導遊、老闆和員工，他們

的很多的壽險、醫療險等等，很多的保單就這樣出來。

另外臺北市當時的工程車、挖土機很大的一部分都是我的客戶，我運用名單連鎖法、客戶介紹法，加上我的勤奮，業績多到嚇人！

這市場被公司其他同仁知道了，他們想如法炮製，找名單打電話，可是你知道嗎？對方拒絕，因為他們說在等著一個姓陳的去辦手續，就是等我過去。

可以把保險做到如此權威，很難想像罷！有些人從事業務工作，可以做得一般般，得過且過，在考核或及格線上低空掠過，問他為何不能有大發展，一大堆理由，你講不過他。

傑出者，沒有理由，就是一次又一次的榮耀，差別何在？格局而已。

格局是與眾不同、不流凡俗，自己建構一套讓別人可以跟隨、挑戰的流程。

有一個對「成功」的註解。

成功的格局是：「不在你贏過多少人，而是你幫過多少人！」

你幫助過的人愈多時，服務的地方愈廣，你分享你幫助他人的方法，你讓大家都可使用你的做法、技巧，你不藏私，你的格局夠大，你就是一個贏家，一個成功者！

「格局決定結局，態度決定高度！」領導人眼界夠高、胸襟夠廣、格局夠大，他的團隊就必然會更規模宏大！

自由來自自律

脫穎而出另一個關鍵：「自律。」

「自由來自自律」你要你的財富自由，你要你的生活自由，你不必為了什麼時間能退休感到煩惱，而且退休之後，你可以做哪些公益，才是人生最值得的事情。

要提早退休也好，要提早收入自由也好，你要有自律。

就像我所說的，要把自己當作是生產線的男工或女工，時間到，乖乖地坐在生產線前面，做好你該做的事情。

或者把自己當作一個店長，你要比你的店員更早到公司來，把店打掃清乾淨，貨架要鋪好貨！這就是自律！一個沒有自律的人，怎麼能夠把事情給做好呢？

我很看不起那種上班會遲到、摸魚那些人。他們是三等人，等下班、等拿薪水、等退休。

很多人都問我，為什麼你有時間讀書、寫作呢？我常說：「**忙的人才有時間，不忙的人沒有時間**。」我真的很忙，但是越忙我越覺得充實，有很多可以讓自己發揮的空間。

我記得在 1991 那一年，保險行銷雜誌社的曾總經理找我，他說在台灣當時沒有什麼保險的基本書籍，你可不可以寫呢？我說可以啊！

他問我：「大概什麼時候可以寫出來？」我說：「很快！給我一個月！」

他很難置信的說：「真的嗎？」我說：「是的！不會有問題！」為什麼？我的資料很多。為什麼我的資料多呢？平常我喜歡看報紙看雜誌，做剪報，聽演講、結交各行業的行銷好手、也參加各式各樣的培訓課程。加上我喜歡看書，假日都往書店跑，家裡的藏書數千本，資料太多了，加上早會，別人是空手到，我是用心到。

我知道知識是要靠累積和收藏，絕對沒有不勞而獲的道理，這些筆記原來是用在團隊夥伴教學相長的，結果先讓我抓到了好機會出書。加上我是作事狂魔，我一看準要做的事，就沒日沒夜全力衝刺，我把興趣加上熱情，造就我是全華人保險界裡出書最多的人。

這本「打造頂尖團隊的六項修煉！」也是如此。

當 2021 年 5 月疫情反撲台灣，三級警戒半封城。

我沒有辦法四處出差，也沒有辦法和很多人面談。

加上出版社要我寫一本對保險業務人員有幫助的團隊擴充書籍，我覺得我可以接受挑戰，於是在欣然答允下，將過去的筆記、在雜誌與網路發表的文章再加以整理和重寫。

時間充裕，週六週日也可完全投入，這一投入立即將原來預定的六萬字、八萬字，最後增加到 11 萬字。

這段期間，仍然一早五點多出門健走，把日行萬步超過六年多的紀錄不中輟，為提升大地能量，和一群友人每日抄寫一篇心經的功課都達成，在健行時掛耳機聽音頻一小時也沒中斷！

這不是誰的規定或要求，是自己的期許和自律，凡事只有自律，才能有若干成績，要把業績和人力掌握好，一定要自律，試著去訂目標吧！

學生準備好，老師就來到

在我的保險營銷生涯當中，我印象中，包括結婚度蜜月，曾經意外摔傷，好像沒有幾天不來公司參加早會，而且參加早會，我是聽、紀錄並錄音，錄完之後我會反覆地聽，然後抄成筆記放在檔案裡面。

有幾家台灣的重要報紙、雜誌，都向我約稿，最多的時候，一個月固定四篇專欄。到現在，已經出版了三十多本書。我為何有這麼多文稿出現呢，其實這不過是多吸收多思考罷了，而且是有計劃有規律的吸收。

這包含每天要看財經報紙、每週固定看財經雜誌。像我訂閱台灣最權威的「商業週刊」，一訂就是三十幾年，而且每週四寄來，當晚我就一鼓作氣看完，還作重點，隔天就與同仁分享。

我看到很多從事保險工作的人，他們在經過一段時間後，他們認為自己很資深了，他們認為學夠了，別人講的也不過都是老套，他們停滯了。

一個人！**如果一直停頓在過去的話，他會找不到他的未來。要創新，要給自己有不同的一些更多的來源，灌注在你的心靈裡面，你的心裡才會充滿能量。**

你不學習，你不參加一些課程，不與時精進，是沒有辦法讓人家來肯定的！

我第一本書出來之後，受到蠻多的讚賞和實際的收穫，光是台灣一出版就印行了一百多版！更離譜的是，大陸及東南亞把我的第一本書「我

打造頂尖團隊六大修練

有理由不買保險。」翻印了大概有 500 多萬本！我去上課，他們還拿翻印本要我簽名。

我到馬來西亞、新加坡、大陸，每次都有人說這本書是他們的啟蒙書，好多人跟我說：「我是看這本書長大的。」

我為何可以寫出這麼多的書？得到這些口碑？我認為是因為我平時有準備，當機會來到時，我立刻比別人更快的得到這機會。所以我要建議各位：

學生準備好，老師就來到。心態調整好，成果會來到。

知識準備好，客戶就來到。格局準備好，團隊會來到。

或許你會說，你不是天才型的人，你 IQ 不夠高、顏值不行、EQ 也不行，不適合業務工作，更不是當領導人的料子。

詩人歌德曾說：「**把握現在的瞬間，你必須從現在就開始作起。只有勇敢的人才會有天才、能力和魅力。因此，只要作下去就好，在作的歷程中，你的心態會愈來愈成熟！能夠有開始，不久你就會把你的工作順利完成！**」

不要拖延，不要找藉口，不要把理由往心情推。

富蘭克林說：「**把握今天等於擁有兩倍的明天！**」

展開行動，你就開始累積你的能量、人脈、經驗值，不管是客戶或是你要增募的對象，當你準備好，你就是準備成功。

你不準備成功，你就準備失敗！

不一定能力高，是機會對

有一次我在廣州上課，前面坐了一個女生，她用很奇怪的眼神看我，我問她說：「這位小姐，你怎麼用那種眼神看我啊？」她說：「陳老師，我以為你早就死了！」

我嚇了一跳，說：「為什麼？」她說：「我很久很久以前就看過這本書了，我以為這本書是古人所寫的。」

居然有一本書可以讓這麼多人，影響到他們成長的過程。這不過是我抓對時機，定位正確的緣故！我還認為，**演而優則導，你演員做久了，你也該退到第二線來作導播、導演、製片！當然演到老這也是一件好事！但是如果你能夠將精神理念、經驗、複製和傳承出去，是不是可以幫助更多的人嗎？**

一個創業開工廠的人，第一年只有他和太太兩人在接工作，客戶會支持他，向他捧場，但三年過了，五年過去了，他仍然兩個人在營業。此時客戶會不會想，和他同時創業的人都已經工人好幾百人、幾千人了。他們還是規模這麼小，是不是技術或信用有問題，算了，小心為妙，還是和大型公司合作算了。

複製的力量最大，愛因斯坦不是說過嗎，複製的力量比原子彈威力還更大。一個人的時間力氣總有限，況且在人的一生當中，總應該依智慧的提升、體力的下降而調整作事的方法。

所以我把經驗講出來、寫出來，分享出去、奉獻出去。

古人所講的：「**一時勸人以口，百年勸人以書。**」勇敢的學習，勇敢的說出來，也要勇敢的寫出來。

我還把在大陸看到的一些狀況講出來，讓同仁有所警惕。

大陸保險夥伴們的學習力讓我覺得好生欽佩！他們在上課的時候，抄的抄，來不及抄，拿起手機也要照，也要錄影。聽完課之後，又拼命把所有帶來的作品全部帶回去。整個大陸進步很快速，以前大陸保險工作者以台灣為師，風水輪流轉，台灣要向大陸學習了。

拿破崙在第一次遠征義大利的行動中，只用 15 天就打了 6 場的大勝仗，繳獲 21 面軍旗、55 門大炮、俘虜 15000 人。

一位被俘虜的軍官忿忿不平的說，這年輕又魯莽的年輕指揮官，對戰爭藝術簡直一竅不通，用兵完全不合兵法。

沒錯！拿破崙不按牌理出牌，正是他以一種不知失敗為何物的方式掌握民心所向，創造一個又一個勝利。

人是很奇妙的，你要相信你做得到，你願意創造你的豪邁一生，我相信，人性可以打造奇蹟。

有意識的邁進，不是漫無目的的漫步。

在一開始覺得自己並沒有那麼厲害，但用熱情前進，不計較一時的得失，你就會抓到屬以你最好的人生機會，描繪出燦爛的生命！

要做到與上帝約會才要退休

「什麼時候可以退休啊？」這句話常有人問我。

我覺得，保險工作是終身的志業，哪有退休的。美國梅第博士，九十六歲往生，在生前，他是孜孜不倦地，全世界到處去宣揚保險的概念。

我有一次到美國參加 MDRT 的年會，一位老先生騎重型摩托車出場，他已經九十歲了，但還告訴大家他未來三十年要做什麼事。現場大家無不目瞪口呆。

人生要多一點理想，多一點浪漫，保險能夠作得讓大家更肯定，更受歡迎！

我有幾個建議。

多談一次的保險，可以多結一分的善因緣。

多成交一張保單，能夠多一分的善能量。

多鼓勵一個人來做保險，可以多一分的正面的力道。

多參加一次的保險研習會，可多一分堅強的情感。

多看一本激勵人心的書，可以多一分知識的來源。

多參加一次獎勵旅遊，可以多一份不被污染心智。

多分享一個收穫，多一分的友誼。

多交換一張名片，多一個愛的種子。

如果明天是世界的末日，希望我們依然要在後院種下花的種子，一起手牽手來為這個世界傳遞愛的力量

保險工要做得好，必需身懷絕技。

身懷絕技的六大關鍵：
1、不管什麼位置，都要保持學習的習慣！
2、永遠做得比客戶需求的更多一點！
3、當個「會發展團隊並讓夥伴成功」的達人主管！
4、隨時拓展人脈並懂得維繫和應用！
5、邁向「斜槓人生」，學得各項技藝和才能！
6、有悲天憫人的胸懷，將助人利世放在首位！

擁有這六大關鍵，人生多豐富，天天多寶貴，沒有退休這回事。

保險事業多美好！

可以經營的空間無限寬廣！

可以經營的時間自己掌握，像是經營便利店，24 小時全年無休，你只要找到可以配合夥伴，你就可以收益滾滾而來。

可以累積收入，經營愈久，客戶愈多，有效的服務津貼就堆疊，可以創造讓人羨慕的被動式收入！

另外還有很多的優點，像是人脈增加、社會地位提升、建立行善的據點等等！

不能賠的保單給我的啟示

有一個影響我的保險生涯的實例。我是新人的時候，公司不讓我們找親友，要先到市場磨練。有一天我到一家貿易公司，我向老闆談保險，當時是先用意外險開門，保額五百萬。一年一萬三千多元，老闆一聽就說要買了。

哇！一次就成交，而且金額還不小，我可以說是興奮地用跳的跑回公司。

回到公司，主管看到一個新人居然一次就做到這麼大的單，很懷疑的問我怎麼講的，還說是要去見客戶做身調。身調後，主管向我勉勵，說我講的沒有錯，很好！

一個禮拜後保單做好，我要送去給客戶給她。可是當我送保單過去時，居然看到客戶公司的門口擺滿了花圈，我全身顫抖的看到客戶的姓名在花圈裡，怎麼發生這種事。

我鼓起勇氣進入客戶的公司，問他太太到底發生甚麼事。

客戶是經營藤器的，他到日本深山看原料，吃了什麼不乾淨的食物，半夜腹痛如絞，自恃身體強壯不以為意，隨便先吃了成藥。但忍忍忍，忍到天亮沒有辦法，趕緊往東京送，那天正好禮拜六也沒有什麼好醫生，只能拖到禮拜一，他打電話叫家人到東京去看他。

在病床邊，他告訴家人說：「你們不要怕！開刀沒什麼大問題的！如果萬一有問題，你就找陳某人，我已經跟他買了一張五百萬的保險。」

打造頂尖團隊六大修練

開刀沒成功，是腹膜炎，我賣給他的是意外險，意外險對腹膜炎能理賠嗎？當然不能賠。

我趕緊回公司向主管報告此事，大家都嚇一大跳，太讓人意外了。後來公司把保費都退回，還理賠住院幾天的錢。他太太很是深明大義，不但沒怪我，還保了她自己的意外險，算是補償我的來回奔波。

但不到一年，他的公司關了。因為公司都是老闆在經營，人不在了，生意不見了，現金流也出了問題，他的太太和女婿撐不起場面。

這個案例給我很大的衝擊，給我三個體悟。

第一是要讓客戶買一定可以賠的保單，不要只買半險。因為當時如果買的是一定可以理賠的壽險，最起碼有一筆現金可供公司運轉。

第二是金額要符合客戶的身分，足夠在他發生事情的時候，家庭、企業的危機和災難就可以降低。

第三的體悟是，要立即讓客戶下決定，買保險不要拖延。意外和明天誰先到，我們都沒有把握，唯有讓客戶當下做出最明智的抉擇。這三個體悟，陪我走了長遠的保險路！

看一本書或看電影，是從前面看起。但經營企業或經營保險事業剛好相反。

先設定結局，為達成結局而策劃、布局！

你為何而戰？你為何而生？

你必需要知道，多少民眾需要有夠格的保險工作者為他們提出充分的保障！

在危機發生時，在需求發生時，保險工作者適時提供的是夠格、夠他們起死回生的保險！

你有好好的思考你應該走出一條受肯定、美好的大道嗎？

全家人用下跪來感謝

　　一次我和一位瓦斯行向老闆談保險，老闆當場買了張壽險，裡面有癌症住院每天給付五百元。簽單時，他的送貨員回來了，看到一桌的錢，問說：「老闆，你們在幹嘛？」

　　老闆說：「買保險，你也來買！趕快把錢拿出來！六千多塊而已！」

　　這個人也不囉唆，口袋裡面掏掏掏，掏了一堆錢出來，一算也有六千多塊，我說：「夠了！我來辦。」他買了跟老闆內容一樣的保單。

　　過了大概半年的時間，有一天那位老闆打電話給我：「上次跟你買保險的員工忽然不能動了，現在躺在醫院裡面，你趕快去看看吧！」

　　竟然是脊椎癌，一方面替他很難過，一方面欣慰，幸好當時有加辦癌症險，否則還不能賠哩！

　　從那天開始，我每個月就從公司拿了一張一萬五千元的支票送到醫院給他太太。一年左右，他不幸身故了！身故的時候，一百八十幾公分高的人，瘦得只剩下三十幾公斤。

　　我向他太太說：「江太太，理賠金支票開出來的時候，我是不是送到你家去？」

　　她說：「你不必送過來！我去你們公司領，你們公司在臺北關帝廟對面，我去拜拜，順便去領。」

　　她來領支票那一天，帶了三個小孩子，小孩子都很小！我先請他們坐下來，把理賠的支票拿給她，她把支票折好、收好，放在皮包裡面。

突然間，她拉起三個小朋友，四個人一字排開的站在我的面前，我一時還不知道她要做什麼，就聽到她大叫一聲：「跪！」四個人就這樣的在我的面前跪了下去，而且大哭起來！

我驚嚇之餘，趕快拉她起來：「快起來！有話好說，不要這樣子，趕快起來！」她一邊哭，一邊說：「我老公平常胡作非為，花天酒地，對家庭都不照顧。跟你買保險的那天早上，他一早就去賭博了，他買保險的那筆錢，還是賭博贏來的。雖然他不顧家，但我還是得照顧他，這一年來每個月保險公司給我們一萬五千元，讓我們家還能撐著！現在又領到這筆錢，如果沒有這筆錢，三個小孩子還這麼小，未來怎麼辦呢？」

保險工作人員背後產生的價值甚是重大，對社會有重要的貢獻，千萬不要小看了！

你要捫心自問！

既然已經從事保險推廣這條路。

你每個月可以增加幾張保單？幫助幾個家庭？

你有帶動和你一樣熱血、熱心的夥伴加入你的團隊嗎？

他們是你的化身，也是你的延伸，一個團隊讓你對社會的貢獻多了百千倍。

不要斤斤計較投資報酬率，只要作出對社會有幫助的事，利潤自然隨之而來。

我們要讓客戶全家人對我們衷心感謝，雖然在接觸初始，他們對我們不耐煩和反對，但在客戶走完一生，別人僅僅薄薄奠儀，但我們提供的是可以解決很多問題的鉅款，他的家人對我們的感激是無以復加，我們的重要性太難以形容了！

受侮辱仍讓客戶受益

一位業務主管陪同著新進的營銷人員去拜訪他的女性友人，對方正在打麻將。看著他們來，先是顯露出一付鄙夷的嘴臉，問道：「多少錢啦！」主管說：「一年才兩千元。」客戶沒講什麼，但錢卻是用丟給他們的。

主管當下覺得受到了侮辱，很想一甩頭就一走了之，但他知道，若他這一走，營銷員大概也作不下去了，只好忍辱的撿起錢，把這張癌症險給辦好。

誰知道一年不到，這位客戶打電話給他，問道乳癌可不可以賠，他二話不說，立刻和營銷員去幫她辦理賠，這一辦，居然前後賠了八十多萬。再過半年左右，這客戶狀況很不好，打電話向他請教最後的理賠金該怎麼辦，言詞懇切，而且充滿道歉悔恨之意。

她說：「實在不知如何感謝及道歉。」想當時，她是那麼的驕傲和侮辱人，但如今人家卻是盡力的協助她，如果當時人家拂袖而走，現在這麼多的醫療費哪裡來，而且還有一百多萬的身故理賠金等著她。

愈想，愈覺對不起這位主管。

雖然這位主管一直安慰她，養病為要，以前的事情就不要想了，但這位客戶還是無法釋懷。

沒多久，這位客戶走了，臨走前，寫了一封信給這位主管，副本還傳給我，信裡面用了所有的感激及道歉的文字。可說是「滿紙悔恨言，

一把辛酸淚。」

各位保險界的朋友，有人說保險不好做，常常面對客戶的鄙視和無理對待，但你有沒有想過，你是怎麼從事這一份神聖有價值的志業的，你把利益放在第一位嗎？想的是成交，不是真正的要幫助對方，你的心目中只有私利、沒有公義，你要的只是生意，說以你所談的都是金錢的多少、利率的高低、未來的收益等等，是這樣子嗎？

保險的真正意義應該是關懷、責任與使命，我們在作功德，在修功德法門。

當我們能為大愛而從事保險志業時，你才是一個值得客戶尊重、信任的保險工作者。

有一首勸善詩是這麼寫的：

勸君行善謂無錢，有也無。

禍到臨頭用萬千，無也有。

若要留君談善事，空也忙。

無常一到命歸天，忙也去！

這是人性，人都是如此，不到黃河心不死，不見棺材不掉淚。但身為保險工作者，我們要逆天、改變宿命。

我把這首詩稍作改變，產生了很大的效果！

勸君保險謂無錢，有也無。

禍到臨頭用萬千，無也有。

若要留君談保險，空也忙。

無常一到命歸天，忙也去！

你試著把這首勸善詩告訴對保險還有疑慮的人們吧！

三百萬換來一千元

　　我一位公司的業務同仁有次幫老友辦了一張保單,保費三萬多元,回到公司,也報了帳及完成核保手續!

　　但他朋友的太太跟朋友吵到不行,他太太說:「如果你買這個保險,我就跟你離婚。」

　　實在沒有辦法,只好打電話跟我同事講說:「沒辦法了!買保險買到要鬧離婚,太不值得了,你把保費退給我好嗎?

　　業務員也只好遵從,總不能因為這個保險而讓他們夫妻離婚吧!

　　過了幾天,公司把保費退了下來,他要把支票送還去給那個朋友,但他才走到他家的路口時,突然間聽到有哀樂聲傳來。

　　他想:「這條巷子裡有人家在辦喪事嗎?」等走到朋友的家門前,才發現這位朋友就在前幾天外出談生意時被撞身故了!

　　我那位同事,口袋裡面裝著朋友的三萬元保費支票,不知道該怎麼辦!口中也講不出安慰的話,這場景太讓他無法接受了!

　　到了出殯的那一天,他包了1000元當奠儀,再把退回來的保費三萬元支票,放在一起給朋友的太太,心裡如千刀萬般的痛苦,他本來可以幫助朋友家人三百萬,結果只能用1000元代表他的心意。

　　另一個實例,是發生在台灣的花蓮,一位保險業務同仁,他也是向他的朋友推銷保單,朋友是經營大理石業的,在和他談保險的時候,他的媽媽和他的太太都反對的非常激烈,大罵買保險幹什麼!保險有什麼

好！保險都是騙人的！把他轟出去！

　　幾年後，他這個朋友疾病身故！也是在身故那告別式那一天，他去參加公祭，當輪到他要拈香致意時，突然間，他把身上拿著的一個袋子打開，當場掏出裡面一大堆的錢，（當年保險理賠金可以用現金賠付的）全場大家瞪大眼，不知道怎麼一回事。

　　他向朋友的媽媽說，這是你兒子所買的保險的理賠金 50 萬，當時因為我跟他談保險的時候，伯母您不諒解，但是我認為這個保險對他是很重要的，所以我就約他出來外面談，他也接受了保險是重要的事，所以就有這張保單，這是我的應有的責任。

　　朋友的媽媽聽到他這樣講，看著這一大筆錢，回頭叫本來就排列準備回禮的家人說：「全部給我跪下來，他是我們的恩人啊！」

　　保險工作者，你們是最偉大的，當發生事故時，一般人只能幫小忙時，我們卻是可以幫大忙。

　　從事保險行銷工作，你必須具備老鷹的眼力、駿馬的快腿、鸚鵡的妙嘴和牛的肚量。快腿妙嘴不用多解釋，好眼力是要叫我們多看、多觀摩、多判斷；肚量大是涵養好，要有忍辱、堅忍不搖的心志。

　　在推銷時，對方會以為我們要賺他的錢，讓他損失。

　　但在有事情發生的時候，他立刻醒悟，保險工作者是偉大的使者，帶來幸福和庇佑。

全台灣最大的壽險保單

一位女同事拿了一張建議書要我幫他看。

我眼睛一瞄，大聲對她說：「妳在搞什麼！」女同事嚇了一跳。

我說：「妳這建議書上的這位客戶，是名人！還是富豪，妳不覺得妳的設計太離譜了！一年才二十萬，這種保險對他來說有什麼意義？簡直是在侮辱他，也是在侮辱妳自己。

女同事問：「那我要怎麼做才對！」

我說，妳告訴他，以他的身分，要買就買一張全台灣最大的保單。

她問：「多大才算是台灣最大的保單。」

我說：「妳告訴他，如果要買大保單，先問自己有沒有條件買。條件有兩個，一個是財力，一個是體力。財力看來沒什麼問題，身體可就不知道了，先做詳細的體檢再說罷！」

這事就這樣告一段落。過了大概三個月，有天這位女同事電話來，她很開心的聲音說：「副總！向您報告好消息！您上次教我的那一招太有效了！」

哪一招呢？我都忘了這回事了！

她說：「就是要我的客戶買全台灣最大保單的事啊！」

「哦！對！對！成交了嗎？保費是多少？」

她回答我說：「一年六百多萬，二十年期的保單！」

我一聽，換我跳了起來。

我問她說：「妳是怎麼做的，快講給我聽。」

女同事說，她如法泡製，用我告訴她的方法去向這位名人說。

客戶可以接受，但需要體檢，這一體檢，檢了好幾個月，一是對方忙，時間不好安排，再就是一檢查檢查出一大堆問題，折騰了老半天，最後終於通過體檢。

也可以收費了。客戶決定要投保一億的保額，保費是一年六百多萬。

但要收費的那一天，這位名人突然問女同事一個問題，他問：「陳小姐！我有一個問題要問妳！聽說買保險有折扣，我買這保險，保費這麼多，妳退多少？」

這個問題可真的是有難度！不過這女同事沒有慌張，立刻回答客戶道：「老闆，你怎會問這個問題呢！我給你辦了這麼一張這麼大這麼好的保單，你沒有加服務費就不對了，怎麼還會問這個問題呢！何況退佣是違法，你要我做違法的事嗎！

名人一聽「哦！」了一聲，也沒有再說什麼。

過了一會兒，名人又問：「陳小姐，還有一個問題。」

陳小姐的心就要跳出來了，不知道還有什麼大問題。「陳小姐，搞了半天，妳到底幫我辦的是哪家保險公司啊！」

原來客戶買保險，根本沒關心是那家公司，客戶只是在乎業務員有沒有投緣，夠不夠專業，能不能做好服務罷了！

這位陳小姐，就因為這張大額保單，成了當年公司的新人王、競賽冠軍、年度冠軍，所有榮耀都集一身。上台領獎致詞時都還要對我深深鞠躬致謝，說我指導太好了！我那有什麼指導，只不過是一個觀念的提示罷了，剛好吻合客戶的需求，打動他的心而已！貧富懸殊的如今，大保單絕非可遇不可求，相反的，是可遇可求的！

第五章：建立團隊運作的態度

企業存亡最後的一根稻草

　　台灣最大額的保單，故事還沒有結束。

　　轉眼五、六年過去了，突然這位名人有天上了報紙上的頭條新聞，因為他投資失利，整個企業一夕之間垮了，公司被圍堵，他人也跑到海外，消失了一段時間。

　　可是過了沒多久，他竟然又回來台灣面對現實。

　　而且準備東山再起。

　　他為何可以再回來？憑什麼東山再起呢？

　　他投資失利，錢都沒了，是怎麼做到的？

　　這個內幕其實我很清楚，原來他跑到海外後，到處要借錢解決問題，但小錢沒問題，大錢借不到，坐困愁城，不知該如何是好。

　　突然他想到，他曾經買了這保單，五、六年過去了，如果解約應該還有不少錢可以拿。

　　於是他打電話回台灣找我這位女同事陳小姐，陳小姐也正愁的不知道到哪裡去找他。

　　問到他的保單，一查，居然現金價值有將近兩千萬元，哇！這真是一個天大的好消息。

　　不但不用再避居異鄉，而且要東山再起也有望了。

　　沒想到無心栽柳柳成蔭，一張保單讓他起死回生。

　　想當年，花天酒地時這筆錢哪算什麼呢？一個晚上花個幾百萬是常

有的事，但誰知道，現在卻是可以靠當時存下來的保險金繼起雄心壯志。

人生真是妙不可言，當時的一個決定，為今日留下了一條活路，居然自己是最大的受益者。

我也曾經遇到一件奇妙的事，向一位企業主介紹年繳 20 萬的終身增額險，誰知他居然問我，如果繳了 5 年，現金價值有多少，我嚇了一跳，因為很多人聽到五年現價大概是繳的錢一半，怕就不買了。

我要解釋其中緣由，他搖搖手，意思是不用講，他拿起計算機按了老半天，放下計算機，要我替他辦一年繳 50 萬元的保單。

這下換我納悶了，問他為何增加額度。

他說，現在他的生意做得好好的，現金流沒問題，但常常要飛海外，有風險，也不知道以後景氣會如何。

趁現在財力沒問題，當存款，作保障，五年內沒風險，若是有風險，保險公司還幫他存了一筆錢，何樂不為呢？

一個生意人會成功，不是沒原因，看得遠、能避險，太值得尊敬了！

保險的功能是多方面的，再舉一個起死回生的驚天實例。

國美集團曾經面臨企業崩潰的險境，老闆黃光裕被關入獄，公司資金凍結，最危急時，老闆娘杜鵑站出來，說：「公司要多少錢，我有！」

最後總計，她拿出兩億人民幣。為何她有這麼多錢呢？

原來是她當年要先生把每年公司的利潤 2% 打入她的戶頭，她用這筆錢購買保險。

一般的企業夫人，有了錢，不是闊綽消費，就是其他用途，但杜鵑聰明的投入，資金不被扣押、立刻有現金，救了一個企業，得到「企業花木蘭」的美名！

這個案例可以常說給企業家或富豪們的夫人聽聽！

保險讓兄弟的情分更堅定和好

我有一個同事的弟弟在前幾年罹患肝癌，要活命只能換肝。

有人建議到廣州的中山醫院去醫治，說這醫院換肝的機會比較大。

住了一個多月，換肝成功，但是這段期間，前前後後所花的醫療費用、交通費用，將近一百萬元人民幣！

弟弟因為生病，長期沒工作，費用都是由哥哥替他付的。

哥哥沒計較，但外人替他擔心，大嫂沒有意見嗎？

雖然兄弟情深，但家庭和諧真正的原因是來自保險。

哥哥從事保險工作，早早就幫他的弟弟辦了保險，保額一百萬。**當弟弟要換肝時，他把這張一百萬的壽險受益人改為哥哥的名字。**

也就是說，萬一有狀況時，保險可以彌補哥哥的損失，大嫂也不會抗議。

另一位好友，是保險界知名人士。他弟弟是房仲業的副總，每個月獎金都有十多萬元。有一天他突然間走路不穩、講話不清楚，以為是中風。到醫院一檢查，居然有一個三公分的腦瘤在他的腦子裡面。

醫生說大概只有三年的時間可活，之後，他不能上班了，收入也沒了。幸好他哥哥在他收入好的時候，要他買一張很是齊全的保險。

住院三年，自費的醫療費用，像單人病房補差額、特別看護、特別檢查等等。

保險支付了六十多萬元，最後身故還理賠了三百萬。

有人說，作保險，有本事不要找親人，

但你想想，你不向親友推薦適當的保險，萬一他們有事的時候，他們會不會怪你，還虧你做保險，連這麼親的親友都不懂得照顧，你還做什麼保險呢？

保險工作者，就是親疏不論，普施大愛。

最近有一位大學剛畢業的年輕人。他們的家族一次買了大約六千萬台幣的保單（約美金兩百萬）。

他剛畢業，父親要他進入家族企業上班，但他說，他想去保險公司磨練。父親不置可否，只告訴他，若做不好，趕緊回家裡來幫忙。

在公司裡，他很用心的學習，他發現現代社會裡，老齡化、少子化，企業不加以專業經營不行。財富也要用科學化的理性安排，否則一旦有事，多年的企業可能會毀於一時。

於是他專精財富傳承這功課，他和會計師、律師們配合，一下子就創造了不錯的績效。

有了成績，底氣足了。他預先做足了準備，將家族的資產通盤研究解析。

要求父親在公司董事會時給他說明的機會。在說明會裡，父母和兄弟突然驚覺，公司看來運營不錯，但存了難說的風險。

尤其第二代家族有的在公司裡，有的自行創業。若沒有好的避險方法，徒留下反目和鬩牆的危機。於是計算精準後，成立了以保險為基準的基金。

兄弟們都認為他處裡的很好，沒有了日後的麻煩，兄弟們的感情更是和樂。

要作董事長不作廠長

在從事保險業的初期，我都是陌生拜訪，一次進入一家印刷廠，豈知才開口「我是某某保險公司！」就被轟出去。

莫名其妙轟出去後，愣在門口不知發生什麼事，整理好儀容再鼓起勇氣進去。老闆看我又進去相當生氣，我委婉地問是何因。他才讓我知道是理賠發生了一點誤會。

解釋半天後，他可以接受了，我再希望以後保險由我服務。他說好，但要我下週六再去。

為了配合他的時間，我只好週六再去，可是他卻一次又一次地另一個週六拖。

拖了六七次，終於要和我談了。

他卻說：「我這八千元是你要我買的保險費，保險我不要，錢我送給你，但你不要作保險，來我公司，我培養你當廠長。」

我說：「公司跟我說過，作保險就是當董事長，我怎麼來您這裡作廠長呢？」

他一聽，哈哈大笑，說：「你太有志氣，我喜歡交你這朋友，以後我的公司保險都交給你辦！」

在台北，現在常可以看到流浪漢和失業者，沒有人要過落魄的人生，可是為何他們淪落至此。**根據統計，在人群裡面，只有 1% 的人能夠成為富豪。**

打造頂尖團隊六大修練

4% 的人得到財務獨立，有足夠的錢維持不錯的生活品質。這代表其他 95% 的人是泛泛之人。比例是 19 對 1，一百個人當中五個人麼脫穎而出。

如果你和傑出者交談，你會發現，這些成功人士對自己有很大的自信，相信自己遲早會成功，他們相信每一件發生在他們身上的事情，都是他們人生計畫的一部份，他們最終的目的就是讓他成為社會頂端的一群，他們不會浪費時間去思考失敗。他們會成功，最關鍵的性格特徵，就是意志力。

他們追求做有價值的事情，他們的自信建立在信念上，建立在信仰上。

他們相信他有能力克服萬難，在面臨困難的時候他們會咬牙堅持下去，當他們面臨挫折的時候，他們會想辦法去改善，去找出方法。

西方有片酬高達 3000 萬美金的席維斯 . 史特龍。

年輕時他在好萊塢跑龍套，一天只賺 1 美金。他到拳擊館去當陪練，每次被打得鼻青臉腫。他立志要當影星，四處自我推銷，被拒絕了 1850 次還沒放棄。

最後，他終於在電影《洛基》中擔任主角。《洛基》的劇本是他自己編寫的，男主角的原型就是他。他一炮而紅，成為「自我超越、頑強拼搏、勇於奮鬥」的精神象徵。

你接受夠多的磨練嗎？你夠努力嗎？

沒有失敗，只是暫時沒有成功！你若有強大的自信和期許，當機會來臨時，你就可以出頭天了，加油！

我把保險賣給老外

只要勇氣夠，連語言不通的老外都可以成交保單。

我還是新人的時候，我到台北市外圍的一個工業區去掃蕩。

衝入一家公司，對著櫃檯的接待小姐就說：「我找你們老闆！」

小姐在忙著接電話和處理手上的事務，看起來忙亂的很，看了我一眼，用手指著一個房間，意思是說，你自己進去吧！

太高興這麼容易可以見到老闆，把門一推，大腳邁入！

哇！糟了！

一個金髮的外國人盯著我！

怎麼辦呢？沒想到是個老外，我沒和老外談過保險，原來還會講幾句英語，突然間什麼都忘了！

老外看著我，我看著他，我很想溜出去，但這又太囧了，我想到，平時在公司，大家恭維我為有七步才子之雅號，我鼓起勇氣，往老闆走過去。

1、2、3、4、5、6、7，有了！

我在他面前，把推銷夾裡面的要保書拿出來，擺在他的面前，拿起原子筆，恭敬遞給他，跟他講了一句：「Please sign in here！」

他看到我講這句話，立刻哇啦哇啦的，我腦筋空白，什麼都聽不懂，乾脆硬著頭皮又講了第二句英文：「Sign in here please！」

他又哇哇哇講了一大堆，看起來有一點不耐煩，這時候我生氣了，

218

買就買，不買就拉倒，幹嘛這麼大聲！

我第三句英文脫口而出：「Here Sign in please ！」

說罷再把筆狠狠地遞給他，他看到我這堅毅的表情，突然間，拿起筆，看了看要保書，往該簽名的地方簽名了。

看了沒問題，我就跟他講了第四句英文：「Thank you ！ Bye bye ！」

為什麼老外願意簽名，其實當時我服務的公司是外商，要保書裡面中英對照！加上他是德國人，來台灣當廠長，本來就要買保險！

因緣巧合加上我的動作快及勇氣，所以成交了這奇妙的案件。

這是一個經典之作。這件奇妙的經過給年資較嫩的業務員啟發吧！

保險是人人要，隨時都有買的可能，不論年長或年輕，不管富有或平實，不在乎已經買或還沒買，也不去管他反對是真心還假意，反正你勇氣要十足就對了！

我還有一件奇妙的案例。

在台北市舊的市政府大樓對面，我看到一家公司正在掛招牌。

「哇！太棒了！新公司哩！」趕緊進入去找老闆談保險，開口就是500萬壽險保額，保費一年將近50萬，二十年繳的！

老闆也真爽快，只考慮兩三天，第二次就買了，公司員工團保還一併辦！事後才知道，這是一家已經有二十年歷史的老公司，只是招牌舊了，重新換個新的。這公司因為在路邊，常有保險業務員進入，但都吃了閉門羹。當時我若知道這是老公司，我大概也不敢進入，但誰知道我興奮的跑進去，老闆也投緣的和我聊，奇異的成交了這張大保單，世間緣份，不可思議，妙不可言！

第六章

解決被增募者的盲點

從事保險工作的人沒地位

賣保險的社會地位低嗎？

有人說：「賣保險的社會地位太低。」

你怎麼回答呢？

如果在以前，或許有可能，現在應該不至於吧！

以往從事保險工作的人往往給人的感覺是找不到工作的人，沒有知識的中年婦女。

要保險的時候講得天花亂墜，無所不用其極，但理賠時又是另一套，推託又搪塞，半天看不到人，這些不良的印象還或多或少存在一般人的腦海中。

但現在應該完全改變了。

買保險是為尊嚴，為了安心自在，是必須品，是值得尊重的事！

現在的人都已知道，買保險是為了生涯規劃，為了預防不時之需，不讓自己及家人陷入不安及痛苦；買保險是為尊嚴，為了安心自在，是必須品，是值得尊重的事。

而且保險公司也因應時代要求，行銷人員的品質不但要高，平時的訓練既多且嚴，對行銷行為不但要求紀律也重視售後服務。

對於行銷態度上不但如此的要求嚴謹，在專業知識上更是致力提升。

舉凡投資理財、節稅規劃、風險防範、傷病安排，甚至與其他行業的配合及異業結盟，無不是在讓保戶的附加價值提升。

各行各業成功人士或企業主紛紛參與！

再者，現在從事保險的人，已不再是找不到工作或低層人士。有些公司的基本要求是大專畢業，還要經過專業的性向測驗。

律師、會計師、代書、醫師也已大量進入保險業，甚至在各行各業成功的人士或執業已久的企業主也紛紛參與。這裡明顯告訴我們，保險業已非昔比，現在是黃金事業，成功者的天堂，要趕快進入這黃金事業才對。

加上老齡化的時代已來臨，沒有保險的加持，將會沒有尊嚴，缺乏安定金錢的照護，更造成家人的負擔與痛苦。

政府對保險的支持可說無以復加，稅金的優惠、政策的引導、教育的灌注、品質的控管，這些都是要全民有保險，人人有照護，家家安心的表示。

「在東京新宿街頭，我偶然發現，東京最高的摩天大樓是保險公司的大樓，最醒目的巨型看板是「日本生命」和「海上火災」的看板。後來我翻閱書籍瞭解到，日本經濟起飛階段，最重要的資金來源是人壽保險，給我的啟發就是人壽保險對社會經濟的重要性。」這是泰康人壽陳東升董事長說的一段話。

由這段話更可以知道，保險重要的功能是讓國家更強壯，所以保險行銷是非常有尊嚴和必要的。

這一章節，我提供如何解決被徵募者的困擾和盲點，也就是被增員者的反對問題處理指南，你可以從這些解惑中舉一反三，找出最有效率的引導方法！

無型商品不容易銷售

有形商品和無形商品哪種好賣？

有些人賣慣了有形商品、如汽車、房屋。

要他考慮轉行從事保險時，他會對「無形」的保險感到恐懼。

其實這種恐懼是不必要且錯誤的想像。

事實上，有形的商品反而難以銷售。

因為一旦有了形體，就有了障礙和限制。好比汽車，大戶人家不喜歡小車，小車突顯不出他們要的尊貴。一般人家又不會購買大車，大車子的保險費及維護對他們而言是負擔。

而且車子有型式、顏色、設備、價格、使用功能的分別，若無法瞭解客戶真正需求，難以打動對方的心。

房子也是一樣，價格、地段、大小等。建設公司的品牌，設備、方位如何，甚至風水、地理，都是購買者關心之所在。而且也會考慮，可否保值，脫手能否獲利，問題一大堆。

無形商品要求無障礙

保險就不同了。

可以用價值觀念的觀念去推廣。也可以以保障、防範的作法去開導。老者請他為老年圖尊嚴，也為下一代省負擔，中年人讓他明白他可能有一個養不起的未來，要趕緊未雨綢繆。

健康險誰敢忽視，癌症險，重疾險誰能拒絕。從出生到死亡都可保，

打造頂尖團隊六大修練

從健康到生病都可提供，從富貴到貧窮都不能免，從男女到老幼都可建議。

沒有一種商品像保險那麼靈活、生動，各個角度都可切入

理財、節稅、保值、保障、儲蓄，都可以談，對行銷者又有一項別的行業少見的好處，就是風險極低，而且沒有地區限制，沒有作業時間的規定。

套一句順口溜「免送貨，無貨底，要多少有多。無欠帳，不怕倒，賺多少看自己！」

保險行銷工作還是「利人、利己，利眾生」的偉大事業，隨著民眾觀念抬頭，這麼精采、豐富，有價值的偉大事業，要趕緊參與才對！

再從收益面來分析

房子、汽車和很多物品都是一次收益，一次的獎金，但保險不一樣。

長年期的壽險保單，有續年服務津貼，車險、人身意外險、疾病險，大抵都是年年續繳，年年收益，經過一段時間的累積，會變成固定資產，等於是固定薪，如果再加上團隊的領導津貼，收益更是穩定和龐大。

我在台灣看到從投保率百分之三上升到百分之兩百五，當投保率百分之十五到百分之百時，正是台灣經濟最狂飆的年代。

經濟在蓬勃發展時，保險是絕對的必須品，是所有產業、企業、商業的必要品，所以現在在保險業發揮正是最好時機。

我的外表形像不夠好

什麼樣的形象才算好呢？

難道保險工作者要長得像電影明星嗎？難道只有外表亮麗者才能將保險做好嗎？難道外表平庸，就無法讓客戶接受嗎？

一般人往往會以貌取人，外表討好的人容易以第一印象取勝。

可是這不過是第一印象罷了，如果內涵無法和外表配，那麼不就是古人所說的「金玉其外，敗絮其內。」徒惹訕笑而已。

一個人到四十歲要為自己的容貌負責！

被稱為是美國最偉大的總統林肯曾說；一個人到四十歲要為自己的容貌負責。林肯被旁人取笑他的容貌醜陋，但內在修養加上自我的鍛鍊，造就了有智慧的眼神、充滿靈性的魅力，這已勝過了天生的容貌。

甚至外表不如人者，憑藉努力往往成就大於一般人。

我們最可怕的敵人不在懷才不遇，而是我們的躊躇、猶豫！

日本保險之神原一平先生身高不過 145 公分，一開始被排斥在保險公司的大門外，誰知因為他的努力，竟成了蟬聯日本十六年的冠軍！

海倫凱勒又聾又啞又瞎，居然以毅力戰勝缺陷，她在老師莎麗文的耐心教導下，學會了說話、手語和讀寫，並成為世界第一個盲人大學生，她寫了很多啟發心靈的書，並為了推動盲聾人士的救助而奔走全世界，有人稱讚她是「全世界最了不起的人」。馬克吐溫說她和拿破崙是十九世紀的兩大傳奇人物。

海倫凱勒自己也說：「我們最可怕的敵人不在懷才不遇，而是我們的躊躇、猶豫。將自己定位為某一種人，於是自己便成了這種人。」

身體是天生，成就則靠後天去努力！

台灣有一位殘疾發明家「劉大潭」先生，他自幼因病殘障，只能爬行，一步步完成了別人認為不可能的高等學業，有一百多項發明，還興建「庇護工廠」幫助和他一樣殘疾的人士創業，他的善心善行令人敬佩和支持。

美國 NBA 黃蜂隊有一位驚人的神射手，背號一號的後衛柏格士，他的身高只有 160 公分，但他從小就立志參加 NBA，友人鄰居都嘲笑他不自量力，在動輒 200 公分的巨人叢林中，他不啻是侏儒，但他卻以苦練和毅力克服缺點。他投籃神準，刁鑽的運球，使對方防不勝防，成了黃蜂隊不可或缺的明星。

身體是天生，成就則靠後天去努力，最怕是自怨自艾，不知掌握最佳時機和創造自我的機會。

沒有形象不好的問題，只有自我輕視的問題。形象好壞是其次，心靈的健康才是決戰勝負的關鍵，何來有外表形像不好的問題呢？

AI 時代，保險行銷會被取代

未來 10 年 50％的工作將會被 AI 取代

有一年台灣大學畢業典禮，邀請了人工智慧專家李開復進行演講。

他說，未來 10 年 50％的工作將會被 AI 取代。人工智慧將取代若干工作，比如醫院中有開刀專用的機器人，甚至律師工作，也可以用人工智慧進行深度學習，找出打官司的制勝論點。

這是一個非常震撼，值得大家深思的議題。

什麼工作是 AI 無法替代的？

李開復用了一個金字塔來說明，3 種人具有競爭力，不會失業：

最高層次是創新。

第二層是各行各業的專家。

第三層是服務行業。

什麼是服務業？具有人性、體貼、即時回饋、看懂對方的內需需要，這就是服務業，服務是非常難以被取代的。

如果有一個服務業，加上時時創新，又加上無法被取代的專業，這有可能被取代嗎？

保險通常是通過人脈關係進行銷售。

根據統計，不論任何地區，真正出單的業務人員大概是登錄在案的保險工作者數四分之一。再統計，銷售員隊伍每年流失率大概 60％。這個資料說明保險公司的基本模式就是透過不停招募新的營銷員，讓營銷

員通過自己的人脈關係進行銷售。

也有保險公司建立另類銷售網路，如選擇了電話行銷或網際網路行銷模式，做電銷和網銷產品，或給經紀人管道。

但電銷、網銷實行一段時間了，佔率仍然很低。告訴我們保險還是要靠大量人力。

保險產品為什麼需要靠人力銷售？

保險不像在淘寶上或是商店裡買東西，可以直接比較判斷下單。

保險產品有專業而且複雜。比如重疾產品，可以覆蓋從 25 種疾病或 120 種疾病，覆蓋年齡可以到 70 歲或 80 歲，有些有二次賠付有些沒有，等待期可以是 180 天或 90 天等等。

這些因素對於一般投保人來說太複雜！

保險的溝通和生意是要透過溫度和人性

買保險是購買品牌與服務，投保的民眾需要相信保險公司能夠在未來幾十年後，當本人需要的時候儘快賠付。

保險理賠往往是發生在一個人最困難的時候，服務的流程需要順暢。這些都不是簡單比價與產品比較展示能夠完成的。

未來 AI 會給保險行業帶來進一步的變化，但是沒有溫度的行銷是絕對難以取代人性的。

抓住保險的特質，這是一份可以終生不被取代的工作，何懼之有。

我是海歸學人，你居然要我做保險

海歸學人會來做保險嗎？

當有人這麼說；我是海歸學人，你居然要我做保險。

或說；我學歷高，你居然要我做保險？

講這種話，顯然對保險不瞭解。也歧視保險工作。

他高學歷或海歸，見識應該不同一般人，或許只是隨口講講，不要被呼攏了。

現在的保險界，行銷員已經大大不同以往的生態了

除年輕化，擁有高學歷也是保險業務員現在的一大特色。高學歷化代表專業化，過去保險行銷員的素質較參差不齊，隨著市場發展越來越成熟，專業形象已慢慢建立起來。

過去銷售注重「人情保」，但如今強調專業規劃，行銷員有亮眼高學歷，對客戶安定感能有加分作用。

高學歷者進入保險界可以如魚得水

有幾點更是高學歷者要趕緊進入保險界的好原因。

AI當道，大數據需要分析，資訊力可做為對客戶的高度求分析，資訊能力強的海歸學者或高學歷者，若能創新建立適當平台，不管是銷售或增員，可以有更大的突破和效率。

海歸學者人脈好

人脈就是商脈，高學歷者歸國後，可能在大公司擔任高管或者自己

創業，或者是第二代 CEO，如果你跟他有交情或是同校或同學，他會信任你。若你的背景和他相仿，你就可以用專業的能力來給他做確實的保險分析和提供，不管是他的高管的留才計畫、他的財產保護計畫或者是公司 IPO 後的福利規劃，你都可以給他一份安心的顧問建議。而這些規劃和提供，保障額度或保費，都不是一般般而已，對高學歷者當然有獲益，對客戶而言，更是需要和絕對必須。

海歸學者用更專業手法經營

高學歷或海歸保險工作者，行銷的作法，可以從稅法、商事法、信託等專業上結合律師、會計師等，依照客戶真正的身分給於確實的保額，用國外的經驗來看，動輒千萬或億萬的額度是正常的。

海歸學者用企業化方式經營

因為眼界寬闊，格局大，所以海歸者可以用企業化的經營與高科技方式經營保險，保險的功能、範圍，以企業來看，面廣實際性高，用企業化來佈局和發展，這當然要有具高能力者才能勝任，海歸者必可精彩發揮。

保險空間無限大

現在華人圈的保險投保率和歐美地區比還算低，對一個即將成為全球最強經濟體而言，保險的提升是絕對的，高學歷者要趕快進入，不但強化民眾的投保率和安全防護網，也對國家社會提供國家強化的貢獻。

這些都是值得讓海歸學人或是高學歷者趕快進入保險界的原因。

我的學歷不夠高

英雄不怕出身低，最怕自我設限！

有一句順口溜相當有意思：「小學畢業的人當老闆，中學畢業的人做打工仔，大學畢業忙著填求職表，留學生端菜洗碗盤。」雖然聽來諷刺，但多少也是實情。

因為讀書不多的老闆從困苦中磨練，從實戰中獲取經驗，從顛沛流離、人情炎涼中長大，所以得來一身好本領。

很多企業家學歷低，但眾多 MBA 接受他的領導

反而書讀得愈高之人，往往眼高手低，無法按部就班，看不起學歷比他低的人，到後來常陷入進退不得的困境。

所以，有人說從著名大學畢業出來的人，雖然是人中龍鳳，但倨傲難馴，不能虛心領教，進入企業常成為無法與同仁相處的人。所以，很多許多企業乾脆不錄用名校之人。

再舉幾個傑出的人士，很多第一代的企業家，學歷只有小學畢業，但眾多 MBA 戰戰兢兢的接受他的領導。

英雄不怕出身低，最怕停止學習及自我設限！

台灣亞都飯店總裁嚴長壽，他只有高中畢業的學歷，可是屢創奇跡，將一個地段差，沒有宏偉外表的酒店經營成為全球前五十好旅店，成了酒店業的典範。

美國讀者文摘創辦人華理士，他也只有中學程度，但他愛好閱讀時

打造頂尖團隊六大修練

做筆記，並推己及人讓別人共用他的興趣，於是轟動全世界的「讀者文摘」就這樣出現了。

　　類似這些學歷不高的人士可說比比皆是，有道是英雄不怕出身低，最怕停止學習及自我設限。除了自我學習外，另外很重要的是呈現於他人眼前的個人品性操守和修養內涵。

**　　客戶要的是一位專業能力高的人，而不是學歷高的人**

　　個性傲慢令人難以接近，拜金揮霍讓人另眼相看、不守承諾背信離德使人唾棄。而這些都和學歷無關。

　　建議：「**可以學歷低，但不能知識低，可以知識低，但不能品味低。可以品味低，但不能品格低。**」

　　知識是信心和力量的來源，充實知識不管是從書本上，經驗上，每天讀書三個鐘頭，一年抵得上 30 個學分，為何學歷低的人可以領導學歷高的人，原因就在這裡。

　　學歷低的人還有什麼好擔心的呢？

　　何況客戶要的是一位專業能力高的人，而不是學歷高的人，專業不足他怎麼會能夠接受呢？

我沒有社會關係

保險做不好，是因為沒有社會關係的緣故嗎？

初進保險業，業績表現普通的小娟一臉老大不情願的看著我，嘟著嘴抱怨：「保險做不好，因為我沒有社會關係！」

真的是這樣嗎？有一首打油詩：「沒有關係找關係，找了關係產生關係，產生關係就有關係，有了關係就沒有關係。」

或許人情淡薄，人與人之間的防患疏離，造成與不熟的人之間業務難以推動。看來像是有理，但若以過去的事實來看卻不是這樣。

相見自是有緣，有緣就可以有福份

保險是人的事業，只要有人就有需要，並不是有關係的人才可以去向他推銷。

借用中華航空公司的廣告詞：「相見自是有緣！」

有緣就必須惜緣，結下善緣萬事何難。

再以關係而言，有幾個看法：

1、關係是去創造的

本來不認識的人在致意寒暄後，即可變成熟識，加上地緣、宗族、姓氏、學校、職業、興趣、信仰等的互動和互通，關係網就立刻形成。所以善行銷者即是掌握各項對自己有利的因素去發揮。

2、迷信原有關係是危險的

有一句話是這麼說的「關係有時絕，因緣無盡期。」貪圖關係的方

打造頂尖團隊六大修練

便和權利，到頭來反而因他人的關係更好而喪失先機。所以去創造新的關係，倒不如維持原有的關係，加強信任，造成信賴，此種關係才是可靠的。

3、不要太仰賴關係

關係不過是墊腳石、入門磚，事事仰賴關係，到頭來大家比關係、比誰的勢力大，反而失去了實力與能力。以關係為基礎、在基礎上用心力、提供價值，創造被使用的價值，讓關係使用的心安理得，而和你有關係的人也可受益。

4、關係是要培養和灌溉的，也要有計劃的建立

在進入一個陌生之地，必須先思考從何管道切入，以建立自己的人脈。像外交官進入一個新國家，必先抓住政府官員、社團和商業機構，然後再延伸到社會的各個角落和階層。瞭解關係的利弊後，即可瞭解有沒有關係並不重要，重要的是如何營建自己的人際網路。

初期投入不要茫茫然，毫無頭緒不知所措，確定目標，並衡量自己達成目標所需的時間、人力、精神與費用。

或許開始先加人社團如商會，同鄉會等民間社團，加人後先以實力展現，先付出智慧和時間，成了團體不可少的人才，自然不用求人，人力資源都會彙集過來，水到渠成才是最有用的關係！

我以前搞行銷都失敗

你因為以往太多次失敗記錄而擔心重蹈覆轍，無功而返嗎？

年輕的小李曾經當過房屋仲介，但因業績表現不佳而放棄，面對好友小林的積極增員，心中十分猶豫，畢竟他過去的銷售成績並不理想，該不該加入壽險業？他十分為難，而且心想有形的房子都賣不出去，無形的保險如何被接受。

你正因為以往太多次失敗記錄而擔心重蹈覆轍，無功而返嗎？

你大概檢討過以往為什麼失敗了吧？是公司的因素，還是商品的緣故。是你自己的態度，或是時機不佳？

不要怕失敗，怕的是不會從失敗找出成功的因素！

一定有什麼原因讓你無法繼續原有的工作，怕的是「百花叢裡過，片葉不沾身」，沒有深刻的印象，也不知道什麼理由使自己離開。

有一句古話：「三折肱成良醫」意思說跌斷過幾次骨頭，自己都學會了怎麼接回去。

人最怕的是都沒有失敗的記錄，一個人一直在順境中沒失敗過，就像一個人從小身體都很好沒有生病過，他會缺乏免疫力，一個小感冒就會要了他的命。所以不要擔心以往的波折，怕的是屢次跌倒還不能記取經驗，硬是要往坑洞摔。

保險業裡面，多的是本來一無所有的人進來後，因努力而走出一片天

打造頂尖團隊六大修練

德國有一個統計，一百個企業在二十年後，留存的只有百分之五，所以不適任是常態，不是什麼見不得人的過錯。

以保險事業而言，當然也有很多人因為無法適應而黯然離去，但更多的是本來一無所有、雙手空空的年輕人進來後，因努力而走出一片天，更有很多中年轉業者因調整得宜而創造人生的第二春。

保險成功者比比皆是，當然自己的努力最為重要，但以保險和其他行業相較，保險業的天空最為開闊和晴朗。用四句話來形容是相當傳神的——。

「**男女老少都可保**」保險沒有性別年齡的區分，只要是活著的人，都可以是客戶，其他行業無法比擬的好處。

「**貧富貴賤均不分**」保險沒有產品的形體及價值的限制，一般物品價高令一般人望而卻步，價低對自認是富者嗤之以鼻，不屑一顧。唯獨保險可大、可小、可圓、可扁，任何人都可以適應。

「**東南西北任遨遊**」保險沒有地域的限制，你想到哪裡去銷售，基本上是不太限制的，透過介紹或相關資訊名單等，你均可大江南北勇往直前。

「**穩定發展是時機**」一個行業是否值得全力以赴，看它是朝陽事業還是夕陽工業。在台灣、在大陸、港澳在星加坡、馬來西亞等亞洲的華人地區，保險的開發才正是開始而已，不管是投保率、投保的金額都還未成熟。

所以只要穩定的發展，有好的技術和條件，不用擔心沒有市場。在以往從事銷售工作無法適應的人，更必須珍惜這次機會。

我不喜歡應酬

誰說從事保險工作就一定要應酬？

小君搖頭擺手的拒絕主管的增員，他說：「我不喜歡應酬，從事保險和客戶應酬無法避免。」從事保險工一定要應酬嗎？

很多的印象都把保險工作者當作是一個八面玲瓏、手段機巧，為成交業務不顧一切的人，當然最深刻的畫面就是陪客戶吃喝玩樂應酬，搞到三更半夜才回家。

不這樣想其實也難，很多電視電影描述保險工作者就是這樣，好像不如此就不是保險業，不這樣就做不到生意嗎？

保險業務人員大可不用像生意人一樣應酬！

縱觀商場，為了溝通客戶的情感，有時不得不和客戶吃飯應酬一番，想看看多少餐廳酒店一入夜不就是人聲雜沓，燈紅酒綠。但是為求生意達成，難道就非如此不可嗎？很多生意人賺到了錢賠上了健康，很多公務員賺到了玩樂卻賠上了牢獄之災。

為達成保險業務是否要和一般生意人一樣應酬嗎？

答案是不必要也不可能。

保險談的是長期的防患、責任與風險，理念是純淨，作法應該是超然的！

先以投資報酬率來看，若要如此，大概連老本都要賠進去，因為保險的收益是建立在長期且大量累積的關係上，若要短期投資然後冀求速

成，恐怕是有風險的。

　　客戶也不是傻瓜，他看到業務人員敢花時間和金錢投資在他身上，他除了不喝白不喝外，他一定會想你們的利潤一定很高，否則你怎會捨得這樣做。

　　再以保險的特質來看，保險談的是長期的安定防患、責任與風險，理念是純淨的，作法應該是超然的，以偏頗的手段反而有不必要的干擾和聯想，難道性質和保險接近的傳教士要帶信眾上娛樂場所嗎？

應酬通常是個人習性使然

　　以長期看看來，喜歡應酬的業務人員到頭來都消失了，倒是中規中矩嚴謹行事者，能長期任事於保險業中。

我們提倡健康的生活習性、規律的工作法則

　　我們寧可業務同仁因正直而為呆板，也不願同仁用花俏的手腕被看輕。

　　同仁應以客戶至上、家庭第一的觀念從事保險工作，每天一早出門，也要早一點回家陪家人晚餐，事業應與家庭結合，不能事業成功而家庭崩潰。

　　至於一定要和客戶交往，也必須用良性的方法，找正式的餐廳簡餐或飲茶，或在客戶的家中和他的家人共餐，若要建立更深的關係，乾脆加入一些社團和俱樂部，良性的社團帶來良性的回應，建立好的品質，誰說一定要花天酒地的應酬呢？這道理應該是再明白不過了！

我沒有推銷經驗

登門拜訪準增員對象張太太，好話說盡，她卻以沒有推銷經驗為由拒絕。

一聽到這個理由，我高興的對她說：「沒有推銷經驗！太好了，這很值得恭喜，妳正是最佳的工作夥伴，也可能是未來銷售界裡面最耀眼的一顆星。」

沒有銷售經驗，就像一張白紙，可以畫出最亮麗的藍圖而無阻礙

因為沒有銷售經驗，所以可塑性強，不要再浪費時間做無謂的改變，眾多成功者的快捷方式、觀念，我們可以去承襲，只要依照主管傳授你的方法，設定目標，接受正規教育，採取最新進的技術和最有效率的工作法則，然後再投入自己的心血，放開膽識學習、觀察、嘗試，成功之路不遠矣。

不預設立場危險，不對環境擔心，自然心無所懼

前幾年一架中華航空公司的飛機在暴雨中降落在香港機場，跑道太滑了，飛機滑入海中，救援人員很快的搶救，一個個旅客被拉出來，有人驚慌失措，有的人淚流滿面，唯獨一老伯神色自若，一旁的記者問他為何不害怕，他不好意思的回答：「我是第一次搭飛機，還以為飛機下降都是這樣！」

不去預設立場危險，不對所處的環境擔心，勇往直前，自然心無所懼。

打造頂尖團隊六大修練

沒有銷售經驗當然就沒有失敗的經驗，沒有失敗的經驗就不用害怕，全新展開人生的另一個旅程，這有何難呢？

每個人天生都會推銷

　　其實哪個人沒有推銷經驗呢？

　　從小要受父母親疼愛，親人喜歡，無不表現最好的姿態，這就是推銷。

　　為了讓老師不生氣，同學親近，表現出最好的一面，這也是推銷。

　　對人展笑臉，揣摩人性，這當然是推銷。

　　為了不讓人看輕，打扮整潔得體，舉止有當，表達條理，這都是銷售的基本概念。

　　儘管說沒有實際的銷售工作，但從小到大，從家庭到學校以至於社會，和別人的相處莫不都是推銷。

　　擔心什麼呢？況且進入保險職場後，會有很多的夥伴，也會接觸很多的准客戶，他們都是擁有推銷高經驗的人士，如果你的經驗真是很單純，他們一定會用過來人的角度來引導你。

學習平台多

　　現在的學習機會非常的多，線上的、線下的、要費用的、免費的，公司提供的，外界培訓公司提供的，可說應有盡有，就怕你不學，沒有學不到的事，有心很快的就可以得到一身好本領。

我不會講話

　　羞澀、不擅言辭的小玉有時會猶疑，選擇進入保險業不知是對是錯，當遇上陌生的人，她便不知該如何應對進退，更不用提銷售了。她說她不會說話，不是做保險的料。

有誰是天生就會講話？

　　探險家在印度救回一對從小被野狼咬走並撫養的姐妹，一個已七歲一個十歲，只會爬行和狼嚎。因為她們從沒有講話的機會，語言學家也證明，在什麼環境下會有什麼樣的特質和習性出現，這和遺傳是不一樣的。

　　在華人地區長大的小孩他會使用筷子和華語，在東南亞地區長大的華人小孩會講七八種語言，而在美國長大的孩子英語使用自如。

　　環境和遺傳影響了本質，後天的啟發與訓練則改變了性格與習性。

經過重新塑造和調教後會有一番新的突破和表現

　　根據幾位台灣的棒球選手被邀入參加國外職業隊的事實為例，他們在加入之始，球隊只讓他們用原來的方式比賽和打球，直到低潮出現，瓶頸無法突破時，教練才開始給他新的方法和訓練，大部分的選手在經過重新塑造和調教後，才會有一番新的突破和表現。

沒有所謂天生就會說話的這一回事

　　透過環境的薰陶和訓練與自我的努力，人人都有機會成為一個善於表達者。

不過要特別強調的，從事保險工作千萬不要被人認為是一個很會講話的人，一個侃侃而談不容他人置喙者反而讓人不安。

保險像傳教士一樣，談的是真理、愛和力量

口舌伶俐、頭頭是道的表達者，雖對方不能拒絕，但卻打內心排斥。

從事保險就像傳教士一樣，談的是真理、愛和力量。

重要的是聆聽對方的心聲，藉此思考該提供什麼樣的協助。

所以保險談的是誠意善良。說的是關懷責任。

表達的是專業的消息，講的是令對方有益的話。

話不該多，表現誠懇熱心和中肯即可。

這些都和善表達的人不同。有些保險工作者因為經驗多了、學習的機會累積久了，所以表達無礙，論述自如。

能言善道並不保證會贏得客戶的歡心和信任，客戶要的是可以信任的人！

更何況透過經驗與學習，一個原本拙於言談，不擅言詞的人，都會因實際的工作而讓自己的表達變得有條理和有內涵。

從事保險工作最大的好處，是有相當多的機會會被訓練和參加表達，只要肯參加，進步是讓人驚訝的，最怕的是不用心和沒機會，沒機會是不願意按部就班，實際參與各項訓練，不用心虛應故事，將工作當過客，不願將內心融入工作中。不會講話，不會構成銷售工作的困擾，講不對的話才是失敗的主因。

243

進入保險公司要自己先買嗎？

怎會有這種狀況呢？

如果公司真有這些要求，這間公司怎能待？如果有這類主管，這種主管不跟也罷！

要是為了應付比賽，豈不是沒完沒了。因為一般人難以自我督促所以要用比賽來刺激業績成長，比賽是必要的動作，但總不能每次比賽都自己購買。何況為了比賽而做出不實業績，養成習慣之後，不但比賽失去了公平性，而且造成了惰性。

正派經營才能長久從事

自己買總比教人買容易，但習慣之後，業績有了，名次也得到，錢財卻虧了，造成了無限傷害。

所以絕不能在比賽時灌不實業績，這是正派公司和正派業務團隊所不屑做和不能做的事，這點不用懷疑。

瞭解保險的真諦和精神後以身作則先投保並無妨

或許有些主管為求業績速成，所以在新人進來後，立刻要他先投保，才能在公司服務。

關於這點，我也必須提醒。

行銷人員和客戶一樣，都需要保障，如果擔心本身的安危，在瞭解保險的真諦和精神後，自己以身作則先投保再讓周遭好友跟進，我認為

無妨。

因誤會而買的保險也會因瞭解而解約

但若尚不知保險是什麼，主管卻用威脅利誘的方法強要新人投保，這和欺騙客戶並沒有兩樣，因誤會而參加的保險大部分也會因瞭解而解約。

以往有些保險公司和業務單位續保率很差，追根究柢都是銷售時出了問題，保險公司生存的利基在於保單的續年度能繼續有效，主管為一己之利而讓客戶與新進人員盲目投保，這和揠苗助長並無不同。

我們的理念是能為保險界培養真正的人才以改善保險風氣為己任

在保險界裡，我們看到太多的例子。

保險要做得久一定要正派經營、正規教育，偏離了正途，雖一時業績燦爛，但那不過是水月鏡花，禁不起時間考驗的。

我們的理念是能為保險界培養真正的人才，我們以改善保險風氣為己任，我們要的是真正有保險信心的人。

我是女生不方便

方便不方便全是自己的看法

以男生和女生的生理構造而言，女生的確有不方便的地方。

好比男生可以打赤膊，可以深夜遊蕩不怕「危險」。

但女生真的比較不方便嗎？

確實女生有很多事不能做。

如打扮妖媚定會遭人側目，引來覬覦當然危險。

語言輕薄大膽，使人看輕且不受尊重。

衣著暴露俗豔，舉止不端莊使人產生輕薄非禮之意。

半夜遊蕩不歸，煙酒不離手，花錢不節制，這也必然受到非議。

言行大膽，輕者他人以有色眼光看之，重者引來傷害。這也是女生較不便且較吃虧之處。

業務的競爭甚至女性的先天條件較為吃香些

除此之外，很多事男女是公平的。

業務的競爭甚至女性的先天條件較為吃香些，女性的柔和讓人接受的程度反而較高。

所以純粹以性別而言，若能自我注意，對女生而言不但不會不方便，反而在展業上比較容易。

衣著端莊，舉手投足合以禮節，談吐合宜，內容引人入勝且用字遣詞啟發人心，難道還會被人看輕非議。

打造頂尖團隊六大修練

我們再看看新時代的女性表現

現代早就男女平等，男人可以做的事，女人大概沒有不能做的，在中國著名企業家如董明珠般的傑出，很多男士都難以項背。

德國在總理梅克爾從 2005 年領導至 2021 年，公認為是歐洲最傑出的領導人。

保險界裡，台灣的陳玉婷、莊秀鳳、楊美娟，大陸的葉雲燕、劉朝霞都是讓人仰望的保險傑出表徵，成就更是不在話下。

宗教界更是女性出頭天，已故德蕾莎修女令人懷念，台灣慈濟功德會的證嚴法師代表了整個台灣人的良知。

運動員戴資穎、郭婞淳、青年慈善家沈芯菱，最有愛心的陳樹菊更是受尊敬。

這些都是巾幗不讓鬚眉的明證。

行事作為要有保護措施

如果還擔心行動不方便，除了自己的小心和以端莊言行保護防範外，行事更要有一套保護措施。

如不深夜回家、不流連聲色場所、不到單身的客戶家中，去哪兒要留下聯絡電話，和客戶（不管男女）見面喝飲料不可讓杯瓶離開視線，不要太相信自己的判斷力和輕信未深交者的道德。

若能謹慎行事者，沒有所謂不方便的道理，方便不方便全是自己的看法，這並不是在與保險業一途，所有的行業都是一樣的。

我年紀太大不合適

年輕不是人生的一個階段，它是一種狀態

我們先看一篇麥克亞瑟喜歡的文章，他是由美國 Samuel ullman 所寫的：

「年輕不是人生的一個階段，它是一種狀態，

無關紅頰朱唇和柔軟的姿態，而在於意志力及想像力的高低。

年輕正如生命泉源清新。

年輕意謂著勇氣戰勝怯懦，冒險心壓倒好逸惡勞。

年輕常出現在一個六旬老翁身上，而非雙十年華少年。

沒有人甘心隨時光的流轉老去，但常因為放棄理想而蒼老。」

年紀稍大正是給人穩重和信心

台灣半導體之父張忠謀從美國回來已 54 歲，引進卡內基訓課程的黑幼龍從企業界轉行時也已 49 歲了。

所以能不能有作為，並不是年紀的問題，重要的是心態能否調整好。

何況年紀稍大，給人外表所見，是穩重是自信，若社會閱歷已足夠，則洋溢出來的是智慧、能力、可比年輕年多受別人的一分肯定。

年紀稍大尚有一好處，因見過的人多，也嘗試過多次錯誤，因此較可避免莽撞冒失所帶來的時間浪費。

年輕人用的是體力，中年人用的是腦力、智力

用企業化的經營技巧來看經營市場，年輕人用的是體力，中年人用的是腦力、智力，定位若清楚，格局開闊，成功的機會大得多。企業化的經營特性是步驟分明、計畫周延、目標清楚再加上財務管理和人際關係的圓融，勝算自然較大。

年輕人創業可以用二十年的時間，但年紀較大者已無寬裕的時間，智慧正可以彌補時間，分辨出什麼是不必要的浪費，什麼樣的錯誤可以不再犯，直接實行已成功者的方法，借力使力，跳脫不必要的嘗試，而這些勇氣不再是不成熟的耗損。

保險的成功並不在於年紀，年紀代表的是智慧和成熟

一個客戶要的是能帶給他信心與穩健的保證，一個年紀稍大的人所傳達的正是這些。

這幾年來，保險界裡一直有從企業界轉任過來的銷售高手及管理專家，他們在原來的崗位上已有一片天，他們願投入一個新的保險事業，正是因為他們已認清保險是他們下輩子可以安身立命、宏揚理念的任所。

而他們在破釜沈舟轉任過來後，也都有非凡的表現和成就，這也是他們善用過去的能源爆發之因素。

年紀稍大正是成功的保證，擔心什麼呢？

我年紀太輕沒經驗

年紀太小不適合做保險嗎？

小芳尚在念書便懂得利用課餘時間累積社會經驗，麗美就是看中她的上進心，才會在她一畢業就積極增員她，但小芳為難地說：「我的年紀太小，不太適合做保險。」年紀稍小，從事保險好像略嫌單薄，但以另一角度去看，年紀小反而代表大有機會。

「年輕就是本錢」這句話眾所皆知

剛從學校畢業的新鮮人，什麼沒有，有的是熱情、理想，有的是體力與活力。

而且年輕沒有包袱，大可用創意和新觀念去顛覆傳統，用勇氣去開創新局面。

若以投保人的各項資料分析，這幾年的投保年齡有下降趨勢，二十歲到三十歲投保比例占全部保單的百分之四十左右。這麼原因呢？

新人類有充分的保險觀念

一是新人類有充分的保險觀念，他們對保險無排斥心，他們太清楚保險的重要性。加上少子化，一張保單三代保障的觀念即是好方法。

加上新人類對保險的認知可說非上代人可理解，都已經知道可做為理財、信用、保證、身價等的工具。

更作為事業維繫、婚姻保障、財產分割等的保障與儲備。所以保險的功能和以往事大不相同，年輕族群事非常了解的。

新人類要由同年代族群來溝通

這些世代的語言、思想如果有相同背景的人來溝通，正可以收事半功倍之效，所以年紀輕的人剛好與他們契合，這不是老齡族可比擬的。

現今進入 AI 時代，上一代的人可說吃了大虧，要能摸熟 AI 語言和充分利用 5G 系統，無論如何是比不上新的一代的。

新人類的科技能力太強了

所以年紀輕輕者，善用新工具新語言，突破以往所沒有的，攻上一代所不能的，網路行銷也好，資訊通路也好。

再加上學習能力強，時間充裕的因素，年紀輕者從事保險工作正是最恰當的時機。

好幾個新團隊，從業人員平均年齡不過二十出頭歲而已，很多已闖出一片天，不管是團隊和業績，都讓人刮目相看。

年紀輕不能當作藉口

其實二十餘歲已不雖年輕，以甚多名人觀之，他們成名甚早。

王勃寫「滕王閣序」不過 25 歲，諸葛孔明揚名才 26 歲。莎士比亞名作「亨利六世」推出時 26 歲，畢卡索完成名畫「燙衣婦」時 23 歲，歌德寫「浮士德」24 歲。日本川端康成的「伊豆之舞娘」在 26 歲完成。就連項羽自盡時，僅 31 歲但已叱吒風雲十數年，所以年紀輕不能當作藉口。

成功要趁早，不受時間、空間束縛的保險事業是年輕人最好發揮的平台。

我的個性太內向

保險是活潑外向的人才會勝任的嗎？

「保險是活潑外向的人才會做的工作，我太內向了，不適合。」

你是不是常常聽見被增員的對象這麼說。

首先應該先瞭解什麼是內向的定義。

與其說內向，不如說是「內斂」較為恰當

不善交際、寡言、沉默，應是內向的表徵。

內斂的人的確比較不願將自我顯露在眾人之前，也不會把自己的內心輕易為人所知。

但是內斂的人以智慧自我修煉，用冷靜的頭腦觀察外界。

必要時再將熱情展現。不發便罷，一發即中，頭角崢嶸受人重視。

內斂的人不誇張、不浮躁、不急進

鑽石不輕易讓人發現，但鑽石的內蘊和氣質在冷靜中也可感受那逼人的力量和神采。

保險從業人員的本質即應如此，不逞口舌之花俏，不以快語妙言受人矚目，更不宜輕率展現俐落花俏的交際手腕。

不常開口，言必有中，不搶風頭，但從傾聽和關懷中得到認同。

內斂的人不誇張、不浮躁、不急進，行為處事有計劃原則，而且穩重肯負責是表徵，是受人重視的重要因素。

內斂者該學習的是如何展現合宜的言行舉止

在保險工作中，個性較為內斂者成功的例子可說比比皆是。

除了善於行銷外，相當多個性內斂者統率龐大組織，成為傑出團隊的實例。

原因無他，將力氣能量用在適當的地方罷了。

外界常常認為保險工作者就是吃喝交際、煙酒跳舞，再不就是衣著光鮮、八面玲瓏。

可是多年來穩居保險界重要位置的長青樹，往往憑藉的是品格修養，甚至煙酒不沾者多的是。

因此，較內斂者不該妄自菲薄，自我封閉。

內斂者該學習的是如何在適合展現合宜的言行舉止，學習如何在重要的關鍵上給人支持和肯定。

環境成就人，機會使人改造，自我意志可轉變一切。

個性使人成長或失敗，端看如何應用，一切操之在我！

所以內斂者該學習的是如何在適當的場合展現適當的言行舉止，也該學習如何在最重要的關鍵上給人最恰當的支持和肯定。

我的現在工作很穩定

現在穩定，未來如何？

被增員者說他現在的工作穩定，不想換工作，因為看來是不穩定的保險行銷工作。但先問他，你對現況滿意嗎？或只是妥協而已？工作穩定，值得恭喜，不過不知該為你高興還是惋惜。

有幾個問題需要深入探討。你現在的工作以後的市場發展性如何？

在崗位上十年二十年後，你的定位在哪裡，收入是否滿意，是否可滿足人生規劃的需求，而且社會地位是否能讓人肯定也合乎理想。

如果上述問題你一時難以回答，那就該好好的思考了。

時間一過無法挽回

一生中可為事業拚命的時間不過十幾二十年左右，但大部分的人卻將這黃金時間蹉跎掉了，不是沒去思考就是得過且過。

因此一旦工作不如意即轉換工作，憑著年輕和體力，不怕找不到工作。待遇可能還好，但是老闆不可能給一個沒有給公司大量收益的人高報酬的。

雖然盡忠職守，老闆也不太可能因他的表現而破格給予特別獎勵，因為這會傷害到其他員工。

人通常對收入不滿意，人也對現況不滿，更對自己潛力未得到發揮而不滿。

還有對未來缺乏信心，眼看他人已成就一片天，而你對自己的未來

並非肯定。

為何不給自己機會

你應該好好的思考，是否真的對現在這份工作已全然滿意？薪資是否合理？

未來結婚生子後是否仍夠家用？看到別人給家人豐富的照顧，自己是否也可全心栽培？

別人出國度假是否自己也可以？購車購屋是否足夠要靠儲蓄、還是向父母親拿？社會地位是否值得肯定？

再思考一個問題。

用最壞的狀況去思考最有機會的運作

如果將現在的工作辭掉，全心全意在保險業裡奮鬥，給自己三年時間，達不到設定的目標就退出。

用最壞的狀況去思考最有機會的運作，憑著破釜沈舟的決心，相信能闖出另一片天！

人生要留下回味

如果一生淡淡而來，平凡離去，輕揮衣袖，不留一點痕跡，你會認為這是你要的境界嗎？何不在風險不大，機 27 會很好，有人需要，有人可協助栽培的好平台之下，勇敢的闖蕩一番，或許這會變成生命的轉捩點，創出一片天！

比賽太多壓力太大

保險界就是獎勵多

許多被增員者一聽到公司有許多大大小小的競賽與考核，就覺得壓力很大，不想加入保險業。

沒錯，保險公司常有比賽，比賽當然會造成競爭與壓力，因為有競爭就有壓力。

可是人生何處不比賽呢？從小開始，學校每個月有月考、學期有期考、畢業有畢業考、進入高中或大學有聯考，甚至進入一個新公司都要甄選考試。

比賽是刺激產能的一個好方法，也是激發潛力的最好時機，近代歷史上兩次世界大戰，雖然造成哀鴻遍野，但刺激文明的成長倒也不無有功。因為軍事家們要在最短時間內生產及發明出克敵制勝的武器打出一條血路。

有壓力成長才會快

原子彈都是在戰時壓縮時間創造出來的，從昆明到緬甸的滇緬公路在日寇封鎖下，二個月即要通車，這在平時是不可能的事。

新冠疫情爆發也一樣，商業模式變了、學習模式變了、市場變了、思維運作都變了。但在改變的亟需下，各種成長出現了，很多新事物大幅度提升。

壓力雖然造成不舒服，但適當的壓力是必須的。竹子在生長過程中

需要有節，否則颱風一來，立刻就不支倒地了。

　　培養豆芽的人都知道，豆芽長出來後因為受擠壓要找出路，穿過層層壓迫，當它冒出芽後，它的芽就會比別人粗壯。

刺激和磨練讓生命有韌性

　　一個人對壓力的看法，應該是用正面的觀念去接受，而不是負面的排斥，壓力要自己去承受和化解，將壓力當成必然，把比賽當做是每一次的蛻變，沒有蛻變何來成長呢！

　　但也有人說，他不屑參加比賽，因為獎金並不高，名次也不在乎，與別人競爭不如自我突破。

　　這樣的看法倒不錯，不過先要問他，他摒除比賽的挑戰，是否因為他已有超越比賽的能耐，他的實力是否超過比賽的成績，如果不是「未曾擁有，何言放棄」，這就如同吃不到葡萄說葡萄酸一樣的道理。

環遊世界不是夢！

　　競賽還有一個附加價值，獲勝者不是有獎金，便是出國獎勵旅遊，獎金為生命添光彩，旅遊讓自己增長見聞，開拓生命廣度。

　　「環遊世界不是夢！」出國旅遊有時不是容易的事，又要安排假期，也要準備旅費，而且要費心去安排行程，但透過得獎，出國變成簡單的事，經過比賽得到榮耀、獎盃和獎金也可出國，何樂不為呢？

　　勇者以獎盃為裝飾，成功者用比賽成績為自己的人生旅程中留下痕跡，只有平凡的人才在人生旅程中無所展現。

家人和朋友都反對

老王向我抱怨，說他的新人以家人、朋友都反對他作保險，決定放棄加入壽險工作。

我問他。

為何他們反對你做保險呢？

第一個因素是不是不瞭解？

對保險業的不瞭解，停留在保險業是騙人的行業，還是聲色犬馬、詐騙偷搶的工作？

如果不是，應該讓他們瞭解。

保險是助人利己的行業，透過保險，富者放心、貧者安心、中產階級免掛心。保險的推廣也不是利用人情或關係就能達成，保險是透過企業經營、訓練的方法去完成的。

最重要的是保險可讓一個人安身立命，終身經營和蔭庇家人，因為靠著時間和堅持，也因為時機因素，經營保險可以說是無風險，又得天時地利的大好機會。

第二個因素是沒信心吧！

對以往的表現沒信心，朝三暮四無定性，工作未深入即放棄，工作態度不夠專業。

保險是需要高度投入和自我管理的工作，是否你以往的表現無法讓他們有安全感，所以他們為了讓你安於現狀，而不要你擔任這份能自我

實現的工作。

　　而你以往是否太過於依賴親友而讓他們擔憂，甚至他們擔心你要他們一直購買保險，而沒多久又離開這行業？

　　第三個因素是不是不放心！

　　怕你的個性不能有效的投入，不放心你能好好的研習和努力。

　　當然親友的顧慮不是沒有原因的，一定是以往你的表現達不到他們的標準。

　　不過你自己要好好想清楚。

　　你要做一個老是讓別人擔心的人嗎？難道永遠長不大，永遠讓家人照顧一輩子嗎？

　　以能力證明，你不再是一個依靠親友的懦弱者，你可以和各行各業的頂尖者學習，早日也可以成為一個傑出者。

　　家人和朋友都反對你作保險正是最好機會！

　　因為他們的保險觀念不夠好，需要你來說明。

　　他們的保險額度不足，正需要你來填補。

　　他們身邊沒有保險工作者，或不是很勝任者，正是你來做他們的保護神。

　　所以這更是趕緊進入保險工作的天大良機。

259

收入不穩定，沒保障

「我覺得保險工作收入不穩定，沒有底薪，很沒有保障！」被增員者有時會提出這類問題。

什麼是有保障的工作呢？薪水固定，晉升有序，有一定的工作量和活動範圍？

有保障但不保證

但問題就在這裡，有固定薪就不可能大幅調薪和滿足所需，晉升有序，如果沒有特殊表現和盡力讓老闆賞識，升遷必須費時長久，甚至到退休都難以滿意。

領固定薪的工作崗位上還會碰到派系或自家人接班、掌權的問題，讓人氣餒但又無可奈何。

若是不盡職，或碰到景氣不好，或是公司經營不順，或者沒有人想到的疫情。多年的付出一夕之間成為泡影，這是所謂的「穩定成為危機，保障成為轉業困難」的代名詞。

總而言之，有固定薪但沒有高度自主性。有固定薪但薪水永遠不會滿意。

企業家的工作

保險工作，看來好像沒有固定薪，收入多寡一定要靠自己的努力，但仔細想一想，市場何其大、商機何其多、能力多高，獲益即有多豐厚。

因為保險是自己當老闆的工作，所以創業階段必須自己去承擔風險

和困難，但穩定之後，只要堅守崗位，繼續研發和開創，則收入和地位便會逐日提升。

收入不再看人眼色，要高要低由自己決定。工作的方式由自己制定，要成為大團隊的領導人或高業績者均由自己選擇。

詩人齊克果曾說：「**一個船長在出航之前，已瞭解他的整個航程，但一個戰士只有到了海上，才能得到命令。**」沒有人喜歡命運被人控制，但很多人卻無能力於自己掌握命運。其實要快速改造命運，保險之路倒是可行。

一分耕耘入必有一分收穫

不再等著領薪水，也不用等別人來簽準你晉升。

晚上、假日，你都還可以拜訪客戶、得到報酬，這是上班族不可能的事。

你可以用網路促成銷售得到利益，這也是讓上班族羨慕的事。

只要一兩年時間客戶群形成了，團隊也略有規模了，收入便可持續穩定。而且還不是小錢而已，甚至光團隊及續期收入，已比一般受薪者的收入高。所謂不穩定和沒保障反倒是一般受薪者的夢魘，你若能理解這些事實便不難選擇了。

再提幾個重點：

1、老闆的收入當然不會固定。

2、傑出者的收入只會增加不會減少。

3、保險事業收益有累積性、遞增性和擴張性。

4、要致富、要有高收入，不要指望別人給你固定薪。

5、保險經營容易建立人脈網路路，讓事業和人脈相互串連運作。

6、保險事業的訓練最齊全、完整，最可以讓經營者成長！

對手太多競爭太激烈

到底有多少人真正專業經營，又有多少人將保險做好？

小蕙本來賣保單賣得也算不錯，但看到幾位和她同些時間進入，發展團隊相當不錯的夥伴，她也想轉型發展團隊。

但身邊的親明好友大多都已經從事保險行業了。讓她不禁大歎：「參與保險銷售的人實在太多了，增員不易。」

碰到這些狀況，我們要分析一些狀況來化解他們的疑慮。

從事壽險工作的人看來蠻多的，若仔細評估，到底有多少人真正專業經營，又有多少人將保險做好。

如果能保證讓一個人進入保險業可以成功，為什麼要浪費時間迷惘遊蕩呢？

每個人都想找到適合自己個性的工作，但往往花了很多時間嘗試卻仍失敗。原因可能是不得法，得不到好成績，沒有好主管指導，還沒碰到貴人，經過一段時間仍不得志，所以還要換工作。

所謂「滾石不生苔，轉業不聚財」，我們已在保險業生根茁壯，我們也有了銷售及快速發展的要領和自信，為什麼不勇於發揮呢？

你在選擇別人，別人也在選擇你！

銷售進階進入發展團隊的人，在收益上會慢慢增多，只要持之以恆，維持團隊的成長，收入還會持續穩定和放大。

不是銷售或增員不易，而是客戶會判斷誰夠專業。

每個階段中，一定有大量的新人進入保險業，也有人成為明星。有些人屬於天才型，他會努力尋找讓自己快速成功之路。

不是人多人少在做保險的問題，而是你如何經營

找不到這種人，應該說你沒有盡力去找。

所以行銷和增員都要有方法，有頭緒，不能隨性而至，也不能像無頭蒼蠅般地到處沾惹。

方法是人想出來的。透過經驗和形成來的步驟，成為有一整套的方法。透過企圖心，讓夥伴也都具有增員的觀念，共識一建立，大家集思廣益，更能帶動不同的人加入。

有人說「景氣好時有人倒閉，景氣不好有人發大財。」不是景氣好壞的問題，而是用心與否。

不是人多人少在做保險的問題，而是你如何經營。

把競爭對手邀約過來，讓敵人變自己人

如果你有信心，你能力夠強，你氣勢雄厚，你可以把對手邀約過來，你可以讓對手快速成功，你會協助他把團隊壯大。

能力不足的人，把友人變敵人，能力夠的人，把敵人變自己人，你是哪種人？

晉升靠業績，太現實了

保險業晉升最公平！

一位老兄在軍中是高階人員，想到保險界裡發揮，但聽到職位是靠業績才能晉升，而不是用他以前的位階敘職，他不禁大聲哇哇叫，說保險公司太現實了。

為何保險公司業務單位的晉升是靠業績，而不是以其他的資歷和學歷來衡量？

戰士當然是以作戰為最重要的職責！

業務單位是創造業績的單位，是真正實力的發展處，不用考慮心情、關係，也不用去擔心是否要走後門搏取上司的關愛。

況且一個業務人員不管他平日多會講、多會說，如果他不具備戰功，則他所說的和所做的便是虛幻不實的假相。

戰士當然是以作戰為最重要的職責。打勝仗才能顯示出他的功勳和能力。

進入保險業當然不是每個人都心甘情願。

保險同仁以性質可分為五種類型：

一是學生，來學習知識，取得一張文憑與資歷，不見得有心，但還算捧場。

二是度假者，開開心心，無所謂業績好壞，業績高低。不缺錢，來的目的是交明友，過自由快樂的日子，告訴別人他有一個正當的工作。

三是囚犯，看來好像是百般不願被逼迫進入的，說要上課他上課，要開會他開會，吃飯、放風、任憑指揮，要他產生業績卻是百般困難。

四是傳教士，肯學肯說，但也僅限於傳達保險精神。

五是戰士，知道為何而戰，也能全力以赴，以生命博感情，用熱情創事業。

以成績去寫歷史，用獎盃去證明他曾經走過光榮的歲月！

行銷人員最值得尊重，因為毋需分心鑽營自己的晉升，只要能力夠、時間到，依照制度的設計便可以以自己的規劃達到自己希望的職位。

一個人可以規劃自己的成功、財富、地位，這是何等驕傲的事！

而且這些規劃的達成，職位的取得是在公平、公正、公開的狀況下得來的。

大家依一樣的數字標準晉升，沒有誰關係好、手腕高便被特別眷顧的道理。這是最公平的依據。

而且不用誰去評斷，自己都知道晉升的時間是否到了，這是最公正的作法。

晉升依據數字，所有人都看得到，大家會互相打氣、鼓勵，並在大家都知道的狀況下取得晉升的機會，一切透明化運作，這是最公開的制度。

在這樣的環境下成長，不但不是現實，反而是開放合理的空間，只要掌握進度，全心作業即可，從事保險工作是多麼有尊嚴和快樂的事。

保安康 增福慧
助憨樂生活村

憨樂生活村規劃圖

憨樂生活村在大家協助下，即將封頂完工，**惟因疫情尚差300萬左右**，請大家在助人助己大愛下，喜樂參與。

※為挹注憨樂生活村建設款項，本書作者特捐出一千本，請各位讀友踴躍參與！

您捐助**1200元**，有兩項對自己有重大回饋的禮物供選擇

A 方案

六字大明咒戒指一套兩個
（莊進登大師加持）

+

打造頂尖團隊的六項修煉
1975年即進入保險界的
陳亦純全新著作

B 方案

大健康益生菌30入（一盒）

+

打造頂尖團隊的六項修煉
1975年即進入保險界的
陳亦純全新著作

※新書定價400元、大健康益生菌原價1200元

憨樂生活村建造經費捐款資料卡

姓名：＿＿＿＿＿＿＿＿＿　身分證字號：＿＿＿＿＿＿＿＿＿　電話：＿＿＿＿＿＿＿＿

地址：＿＿＿＿＿＿＿＿＿＿＿＿＿＿＿＿　捐款收據抬頭：＿＿＿＿＿＿＿＿

愛心捐款 □ 1200元 □ ＿＿＿＿元　選擇方案 □ A.方案＿＿＿＿組 □ B.方案＿＿＿＿組

捐款方式 □ 信用卡(請填以下資料) □ ATM轉帳：700郵局 0281185 0354512 戶名：財團法人桃園市真善美社會福利金會

信用卡別 □ VISA □ MASTER □ JCB

＿＿＿＿＿　＿＿＿＿＿　＿＿＿＿＿　＿＿＿＿＿

持卡人簽名：＿＿＿＿＿＿＿＿＿＿　信用卡有效期限：＿＿＿月 ＿＿＿年

❤ 請填寫完後傳真：*03-4655516*、*(03)465-8087*或拍照回傳LINE帳號 **LINE**帳號：**@ean9665c**

年度最佳禮物
學知識，長腦袋 !!

真善美社會福利基金會 主辦　TU101聯合雲端學院　成交王保險訓練事務所 協辦

送客戶　送員工　送好友　送同仁　送家人　送自己

一次送禮，享用一年

捐助1200元，獲得價值3300元的視頻課程
30位線上早會講師，一年中隨時可收看

何真維 老師
（超業心理學）
12個單元 原價600元

蘇三榮 老師
（資產傳承一點通）
12個單元 原價600元

陳亦純 老師
（講故事談保險）
12個單元 原價600元

 成中興 老師
 何奇霖 老師
 何詠宜 老師
 李柏賢 老師
 林秉毅 老師

 張淡生 老師
 梁家銘 老師
 莊介博 老師
 陳立祥 老師

 游家瑋 老師
 黃正霆 老師
 黃淑真 老師
 黃聰濱 老師
 愛德華 老師
 吳進益 老師
 劉智雯 老師
 龐寶璽 老師
 賀約翰 老師

中秋佳節，只送不賣，捐款標的為真善美社會福利基金會「憨樂生活村建造經費」

▶憨樂生活村建造經費捐款資料卡

名：_____ 身分證字號：_____ 電話：_____

址：_____ 捐款收據抬頭：_____

心捐款 □ 1200元

款方式 □ 信用卡(請填以下資料)　□ ATM轉帳：700郵局 0281185 0354512 戶名：財團法人桃園市真善美社會福利金會

用卡別 □ VISA　□ MASTER　□ JCB

號：_____ - _____ - _____ - _____ 發卡銀行：_____

卡人簽名：_____ 信用卡有效期限：_____ 月 _____ 年

📞 請填寫完後傳真：**03-4655516**、**(03)465-8087**或拍照回傳LINE帳號　 **LINE帳號：@ean9665q**

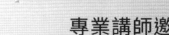

讀友回函卡

填卡日期：西元_____年_____月_____日 NO：_____

姓名：_____手機：_____LINE：_____

Email：_____ 居住地 ：_____

年齡：_____生肖：_____星座：_____男□女□

公司名稱：_____職稱：_____年資：_____

教育：□博士□碩士□大學□專科□高中□其他_____

本書來源：□書店□捐款□團購□主管贈送 □其他_____

本書觀點：（可複選 ）

□內容符合期待□文筆流暢□具實用性

□其他：_____

您的建議：_____

_____

_____

本出版社委由「成交王訓練事務所」安排讀友會

□我參加線上讀友會

□我參加線下讀友會

可以參加的場次：□限台北

請填妥本卡後照相寄至成交王訓練事務所

LINE 官方帳號

FB 粉絲團

企管銷售 49

打造頂尖團隊的六項修練

增員成功六部曲

・作者　　　陳亦純
・主編　　　彭寶彬
・美術設計　張峻榤 ajhome0612@gmail.com

・發行人　　彭寶彬
・出版者　　誌成文化有限公司
　　　　　　116 台北市木新路三段 232 巷 45 弄 3 號 1 樓
　　　　　　電話：（02）2938-1078 傳真：（02）2937-8506
　　　　　　台北富邦銀行 木柵分行（012）
　　　　　　帳號：321-102-111142
　　　　　　戶名：誌成文化有限公司

・總經銷　　采舍國際有限公司 www.silkbook.com 新絲路網路書店

・出版 / 2021 年 9 月 初版一刷
・ISBN / 978-986-99302-5-3（精裝）　　　◎版權所有，翻印必究
・定價 / 新台幣 400 元

國家圖書館出版品預行編目（CIP）資料

打造頂尖團隊的六項修練：增員成功六部曲 / 陳亦純著 .

臺北市：誌成文化有限公司 , 2021.08

272 面；17*23 公分 . -- （企管銷售；49）

ISBN 978-986-99302-5-3（精裝）

1. 企業領導 2. 企業經營 3. 組織管理

494.2　　　　　　　　　　　　　　　　110012904